黑山羊

标准化养殖操作手册

畜禽标准化生产流程管理丛书

丛书主编　印遇龙　武深树

[著]　唐　炳　郑四清　印遇龙

CTS K 湖南科学技术出版社

图书在版编目（CIP）数据

黑山羊标准化养殖操作手册 / 唐炳，郑四清，印遇龙著. -- 长沙 ：湖南科学技术出版社，2020.10

（畜禽标准化生产流程管理丛书）

ISBN 978-7-5710-0434-7

Ⅰ. ①黑… Ⅱ. ①唐… ②郑… ③印… Ⅲ. ①山羊－饲养管理－标准化－技术手册 Ⅳ. ①S827-65

中国版本图书馆 CIP 数据核字(2019)第 275440 号

畜禽标准化生产流程管理丛书

HEISHANYANG BIAOZHUNHUA YANGZHI CAOZUO SHOUCE

黑山羊标准化养殖操作手册

著　　者：唐　炳　郑四清　印遇龙

责任编辑：李　丹

出版发行：湖南科学技术出版社

社　　址：长沙市湘雅路 276 号

　　　　　http://www.hnstp.com

印　　刷：湖南农科院印刷厂

　　　　　（印装质量问题请直接与本厂联系）

厂　　址：长沙市芙蓉区马坡岭省农科院内

邮　　编：410125

版　　次：2020 年 10 月第 1 版

印　　次：2020 年 10 月第 1 次印刷

开　　本：710mm×1000mm　1/16

印　　张：8.5

字　　数：122 千字

书　　号：ISBN 978-7-5710-0434-7

定　　价：28.00 元

内容提要

本书主要介绍了黑山羊标准化生产管理过程中的黑山羊养殖场的规划与建设、黑山羊的品种与繁殖、饲料加工与利用、黑山羊饲养管理、黑山羊常见疾病的防治、羊场粪污的无害化处理和资源利用等内容，力求从实际出发，以通俗易懂的文字，突出技术的实用性和可操作性。本书可供新型农民和从事黑山羊标准化养殖的饲养管理员和技术人员学习参考，也可供农业院校畜牧兽医专业师生及政府相关部门从事黑山羊生产管理工作的人员阅读。

前　言

黑山羊全身是宝。黑山羊肉质细腻，蛋白质含量高，胆固醇含量低，是心血管疾病患者的理想肉食；黑山羊皮毛是优质的制革原料；羊血、羊肠等是良好的医药原料；羊粪是优质的有机肥。此外，黑山羊是一类草食性动物，可以利用天然牧草、人工栽培牧草、农作物副产品及其他副产品，将不能利用的资源作为可再生资源，转化为能够利用的营养丰富的食品，给社会带来很大利用价值和经济价值。再者黑山羊具有投资少、收益高的特点，因此越来越多的养殖户选择饲养黑山羊。但是由于养殖户饲养技术不到位、生产技术含量不高、疫病防治不力等原因，造成黑山羊成活率低、生长缓慢，使得黑山羊不能规模化发展，出栏量远远小于市场需求。

为了促进黑山羊标准化养殖发展的需要，作者总结了多年的黑山羊养殖经验，收集了国内外最新黑山羊养殖技术资料，编著此书。全书重点介绍了黑山羊标准化生产管理过程中的黑山羊养殖场的规划与建设、黑山羊的品种与繁殖、饲料加工与利用、黑山羊饲养管理、黑山羊常见疾病的防治、羊场粪污的无害化处理和资源利用，具有很强的针对性、可操作性和实用性。对提高黑山羊标准化养殖的技术能力、管理能力，促进养羊效益的提升具有重要意义。

由于作者水平有限，不妥之处在所难免，敬请热心于黑山羊养殖业发展的同仁提出宝贵意见。

目 录

第一章　黑山羊养殖场的规划与建设

第一节　规划与配套设施

羊场的建设是黑山羊生产中的主要物质基础，黑山羊场与黑山羊的生产性能、繁殖性能、健康状况有着密切关系。因此，我们应根据黑山羊怕湿、怕脏的习性，修建能防寒避暑、防潮湿、防雨淋、经济耐用，既能利于积肥，又能预防疫病传染的黑山羊场。

一、场址的选择规划

（一）场址的选择

1. 黑山羊场地址需选择在地势较高、土壤干燥、通风良好、排水便利、阳光充足、远离人群、易于组织防疫的地方，避免在低洼涝地、山洪水道、冬季风口处建造。另外，山区修建羊舍时，要注意选择背风向阳的地方。

2. 场址用地应符合《中华人民共和国畜牧法》非明令禁止区域，并符合相关法律法规及当地土地利用规划的要求。此外，黑山羊场的选址还要注意选择交通便利、水源优良、电力充足的地方。

3. 黑山羊规模养殖场整体建设布局需科学合理，实现人畜分离，且设置生活管理区、生产区、废弃物无害化处理区，各区之间应相互独立，用绿化带或围墙隔开，并保持一定的距离；生产区布局在生活管理区的下风向或侧风向处，废弃物无害化处理区应建在生产区的下风向或侧风向处。

4. 黑山羊规模养殖场必须搞好绿化，保持清洁卫生；净道和污道严格分开，互不交叉，人员、黑山羊和物资运转应采取单一流向。

（二）黑山羊场规划与布局

羊舍的规划同生产效率和疾病防治密切相关，所以要统筹考虑羊舍的规划。具备经济条件的可按照畜禽规模养殖场建设规范和畜禽养殖污染防治技术规范进行规划设计，并编制规划平面图、施工设计图和建设总体方案（包括养殖畜禽种类和规模、粪污处理利用模式、环保设施配备情况、动物防疫设施设备配备情况等），生产区和生活区要分开。要求地势较高、排水良好，能看到全场的其他房舍。交通便利，舍前舍后均有通道。生活区应安排在上风向处，羊舍朝向有利于采光。黑山羊场应设有公羊舍、母羊舍、产仔羊舍、育肥羊舍、隔离羊舍，以及饲料仓库、饲料加工车间、兽医室和贮粪池等。

布局要求：在修建多栋羊舍时，应注意长轴平等配置，前后对齐。羊舍之间要有 10～50 m 的间距，以便于饲养管理和采光，也有利于防疫。黑山羊舍向阳面或两侧留有平地、具有 5°～10°小坡度及排水良好的运动场。

二、羊舍建设要求

羊舍的建设必须给黑山羊创造一个舒适的环境，避免不良气候的影响。要因地制宜，取材方便，坚固耐用，经济适用，方便管理。

（一）地面要求

羊舍地面应该高出舍外地面 30 cm 以上，地面要致密、坚实、平整、无裂缝，并且由里向外有一定的倾斜度，以便排出羊舍内的粪便、尿液和污水。采食和排泄的地方，按建筑材料不同有土、砖、水泥和木质地面等。土地面造价低廉，但遇水易变成烂泥，黑山羊易得腐蹄病，只适合于干燥地区。砖地面和水泥地面较硬，对羊蹄发育不利，但便于清扫和消毒，应用最普遍。木质漏粪地面最好，但成本相对高一些。

（二）面积要求

羊舍应有足够的面积，使羊在舍内不太拥挤，可以自由活动。拥挤的羊舍不但舍内潮湿、污秽、空气不好，有碍羊只健康，而且在这种羊舍中，饲养管理也不方便。

（三）高度要求

羊舍空间高度应视饲养地区、气候条件、羊舍类型和羊只数量而定。温暖地区，便于夏季散热，空间高度宜在 2.8～3 m；寒冷地区空间高度在 2.4～2.8 m。羊数越多，羊舍应适当高一些，以保证空气充足，一般顶高 4 m 左右，檐高 2.5～3 m。

（四）墙体要求

墙体对羊舍的保温与隔热起着重要作用，一般多采用土、砖和石块等材料。近年来建筑材料发展很快，许多新型建筑材料如金属铝板、钢构件和隔热材料等，已经用于羊舍建筑中。用这些材料建造的羊舍，不仅外形美观，性能好，而且造价也不比传统的砖瓦结构建筑高多少，可供黑山羊规模化健康养殖羊场参考和借鉴。总之，羊舍墙体要坚固耐用、耐火，表面要光滑，易除污和消毒。

（五）屋顶要求

屋顶应具备防雨和保温隔热功能。挡雨层可用陶瓦、石棉瓦、金属板材和油毡等制作。在挡雨层的下面，应铺设保温隔热材料，常用的有玻璃丝、泡沫板和聚氨酯等保温材料。

（六）窗户要求

羊舍窗户应保证舍内有足够的阳光，并保证羊舍内卫生。羊舍有效透光面积占羊舍地面面积的5%～10%。一般窗户离地面高度1.5～1.8 m。

三、羊舍配套设施

羊舍的设备包括舍内设备和舍外设备两部分。舍内设备包括羊床、供草架、饲槽、饮水槽、母仔栏、羔羊补饲栏等；舍外设备包括运动场、羊场附属房舍，如饲料室、储藏室、青贮池、药浴池等。下面重点介绍其中几项主要设备。

（一）羊床

羊舍内架设离地羊床是南方多雨潮湿地区养羊常见的做法，是确保羊只健康发展的一项重要措施，也是区别于干燥地区养羊的独特之处，羊床离地面的距离应在0.5 m以上，羊床底板可用水泥、木条或竹条。用水泥板条，表面应光滑；用木竹条必须结实，厚薄、宽窄均匀，表面要铲平；用小竹或竹片板条，竹节要修平，粗细一致。不论采用哪种板条材料，其羊床底板间隙以能使羊粪下落为原则，一般1～1.5 cm（一指宽）为宜，不要过宽或过窄，过宽容易引起黑山羊骨折，过窄羊粪落不下去，不利于羊床清洁卫生。为了便于分群管理，在羊床上面可用90 cm长的板条分成隔栏，隔栏面积大小，根据羊只数量而定。在隔栏的正面架设饲槽。饲槽上面的隔栏板条间隙，以能使羊头伸出采食为原则。

（二）饲槽和供草架

饲槽和供草架是舍饲养羊的必备设施，用它喂羊既节省饲料，又干净卫生。可以用砖、石头或水泥等砌成固定的饲槽，也可用木板做成移动的饲槽。饲槽有两种形式，一种是饲槽中央砌成圆锥体，饲槽围圆锥体环绕一周，在槽外沿砌一堵带有采食孔、高50～70 cm的砖墙，可使羊分散在槽外四周采食；另一种为长条形饲槽，可在饲槽的一边（站羊的一边）砌成可使羊头进入的带孔砖墙，或用木头做成带孔的栅栏，供羊采食。孔的大小依据羊有角或无角可安装活动的栏孔，大小可以调节。

供草架是用来饲喂青草的盛草用具，可以用木材、竹条或钢筋等制作。第一种是简易供草架，先用砖、石头砌成一堵墙，或直接利用羊圈的围墙，然后将数根 1.5 m 以上的木杆或竹竿埋入土墙，上端向外倾斜 25°，并将各个竖杆的上端固定在一根横棍上，横棍的两端分别固定在墙上即可。第二种是木制活动供草架，先做一个高 1 m、长 3 m 的长方形立体框，再用 1.5 m 高的木条制成间隔 12～18 cm “V” 字形的装草架，然后将供草架固定在立体木框之间即可。第三种是固定式长方形饲槽，一般设在羊舍或运动场上，用砖石和水泥砌成长条状。为便于清洗，多采用圆底式，并留有一定坡度。靠近羊的一侧设钢颈枷，便于固定羊位，颈枷的宽度根据羊的个体大小而定。长方形饲槽主要饲喂精料、青贮料和碎草等。第四种是羔羊哺乳饲槽，这种饲槽是一种圆形铁架，用钢筋焊接成圆孔架，每个饲槽一般有 10 个圆形孔，每个孔放置搪瓷碗一个，用于哺乳期羔羊的哺乳。

（三）药浴池

药浴池是给黑山羊定期进行药浴，防治体外寄生虫的设施。药浴池为长方形，是狭而深的水沟，其深度是羊只全身都浸入药液为宜。用水泥、砖砌成，外面用水泥抹光，不渗漏。药浴池入口一端修成陡坡，出口一端则建成缓坡并且有密集的台阶，便于羊登走，不致滑倒。入口一端设羊围栏，羊群在此等候入池。出口一端设滴流台，让羊出浴后停留一段时间，将身上多余的药液从滴流台流回池内。羊围栏和滴流台都要修成水泥地面。

（四）运动场

羊舍紧靠出入口应设有运动场，运动场应位于地势较高、干燥、排水良好的地方。运动场的面积可根据羊只的数量而定，但一定要大于羊舍，以能确保羊只的充分活动为原则。运动场周围要用墙围起来，周围栽上树，夏季要有遮阴、避雨的地方。

（五）饮水槽

饮水槽一般固定在羊舍或运动场上，可用镀锌铁皮制成，也可用砖和水泥砌成。在其一侧下部设置排水口，并保持一定坡度，以便清洗水槽，保证饮水卫生。水槽高度以羊方便饮水为宜，可用水泥砌成上宽下窄的槽，上宽约 30 cm、深约 25 cm。水泥槽便于饮水，但冬季结冰则不能正常饮水，也不容易清洗和消毒。用木板做成的饲槽可以移动，克服了水泥槽的缺点，长度可视羊只的多少而定，以易搬动、清洗和消毒为原则。

（六）青贮壕和青贮窖

青贮壕和青贮窖应选择在地势高、干燥、向阳、排水良好、距羊舍较近、取喂方便、没有粪场、无污染源的地方。建筑结构可根据经济条件和土质选用砖、石块、混凝土或土质结构，容积大小根据黑山羊数量和原料情况确定。青贮壕的形状一般为长方形壕沟，青贮窖的形状一般为圆筒形或长方形，窖的深浅、大小可根据养羊的数量、饲喂期的长短和需要贮存的饲草的数量进行设计，一般每立方米窖可青贮 500 kg 左右玉米秸秆。青贮窖的窖体由水泥建成，青贮窖底部在地面以上或稍低于地面，整个窖壁和窖底都用石块或砖砌成，内壁用水泥抹面，使之平直光滑。窖底从一端到另一端要有一定的坡度，或建成锅底形，以便排出过多的汁液。除有一定坡度外，窖的四周应有较好的排水道，防止渗水，特别要防止地面水从一端的入口处灌入。同时，窖的高度要合适，不能过高，过高则会使装料和踩实困难。装满并压实秸秆后，侧面用竹胶板封闭，上覆盖塑料薄膜并加盖土密封保存，防止空气进入。不具备建设青贮窖的地区、也可采取简易青贮法，用塑料薄膜包裹，每袋约 40 kg 秸秆制成袋式青贮，制作时同样要压实扎紧，防止漏水漏气。

第二节　羊场建设的注意事项

一、饲草准备

根据羊场附近的地形与饲草生长情况做好前期调研和准备工作。在以放牧为主要饲养方式的情况下，植被较好的地区、平原地区按照每亩（1 亩≈667 平方米）地饲养 1 只成年黑山羊，丘陵地区每 3 亩山地饲养 1 只成年黑山羊，石山地区 5～10 亩饲养 1 只成年黑山羊。通过草地改良、种植优质牧草、收割田间牧草补饲等，承载量可以增加 1 倍以上。舍饲为主的地区，在办场之前要认真调研草料来源，储备充足的原料，有条件的应建设与羊场配套的青贮窖。

二、人员准备

要办好一个黑山羊养殖场一定要有懂饲养管理和兽医技术的人员，这是羊场健康发展的前提条件，另外饲养人员必须通过专业培训或有一定养羊实践经验。不可在人员不整齐或不熟悉养羊的情况下盲目建场。

三、养殖规模规划

黑山羊养殖的规模取决于养殖场（户）的饲草面积、投资能力、市场价格、饲养管理水平和公母羊比例等诸多因素。实践表明，能繁母羊饲养的最小规模不宜低于20只，最好在30只左右；对于专门从事羔羊育肥的专业大户养殖规模控制在150只左右为宜。

四、建场季节的选择

建场季节要避开冬季和多雨季节，避免原材料变质、损坏，延长工期。

五、合理放牧与分群饲养

1. 牧地选择：放牧场地应随季节变化轮换使用，草地与灌木地交替放牧，实行轮牧、休牧制度。放牧区应有清洁的水源。

2. 放牧要求：一般为下午放牧，时间不少于4小时。冬季、春初应晚出早归，遇雨雪寒冷时停止放牧；春季放牧前应补喂适量青干草，防止采食水分含量高的青草而导致羊只腹泻、胀气；夏季宜早晚放牧，以防中暑，遇大露水天早上应推迟；秋季放牧早出晚归。

3. 分群饲养：放牧羊群不宜超过150只。由于种羊、妊娠母羊和羔羊的生产目的不同，对饲草饲料质量和饲养管理条件有着不同的要求，混养容易造成羔羊营养缺乏，使育肥期延长，进而增加饲养成本；种公羊乱交滥配，影响其利用率，甚至导致羊群的整体退化。因此，应当根据生产的目的、要求和年龄结构对羊群进行合理分群饲养。

第三节　黑山羊养殖场规划建设相关法规

黑山羊养殖场（户）一般很少了解和熟悉相关的法律法规，但符合相关法律法规的要求是黑山羊养殖场（户）合法化、规范化的前提条件。从事黑山羊养殖需要了解《中华人民共和国畜牧法》《中华人民共和国动物防疫法》《兽药管理条例》《饲料和饲料添加剂管理条例》等法律法规，确保黑山羊养殖事业的健康有序发展，为企业长远发展提供有力保障。

一、如何办理《土地使用证》

依据《国务院关于促进畜牧业持续健康发展的意见》（国发〔2007〕4号）和国土资源部、农业部《关于促进规模化畜禽养殖有关用地政策的通知》（国土资发〔2007〕220号）规定，黑山羊规模化养殖用地，必须到土地规划管理部门办理备案手续。用地要尽量利用废弃地和荒山荒坡等未利用土地，尽可能不占或少占耕地，禁止占用基本农田。

规模化黑山羊养殖场在选择好场址后，首先应到土地管理、规划部门办理土地使用的相关手续。土地使用性质有工业用地、商业用地、养殖用地等，一定要登记为养殖用地。当养殖用地确定后，不得擅自将用地改变为非农业建设用地，一般征税是按照土地用途定性的，而养殖企业是免税的。

畜禽养殖个人与被用地的农村集体经济组织或土地承包经营权人签订农村土地出租、转包合同，占用耕地的，还应写出复耕保证书。

畜禽养殖个人持项目备案表、土地出租或转包合同、标有尺寸的平面布置图、位置图（涉及占用耕地的还应出具复耕保证书）等文件资料，到国土资源部门办理农用设施用地备案手续，经审核同意的予以用地备案。

二、如何办理企业法人《营业执照》

黑山羊养殖场（户）首先要确定是个体还是公司，无论哪一种都须先到当地政务服务中心去核准拟建黑山羊养殖场、合作社（或公司）的名称。拿着名称核准通知书办理企业法人《营业执照》。《营业执照》是黑山羊养殖企业或组织合法经营权的凭证。《营业执照》的登记事项为：企业名称、企业地址、法人代表、资金数额、公司类型、经营范围、注册资本、成立日期、有效期限等。《营业执照》分正本和副本，二者具有相同的法律效力。正本应当置于公司住所或营业场所的醒目位置，营业执照不得伪造、涂改、出租、出借、转让。企业法人《营业执照》每年还需要到当地工商部门进行年检。

三、如何办理《动物防疫条件合格证》

依据《中华人民共和国动物防疫法》第十九条、第二十条及《动物防疫条件审查办法》（农业部令 2010 年第 7 号）有关规定，规模养殖、供种企业必须办理《动物防疫条件合格证》，否则不能进行种畜禽场的验收与经营。

办理《动物防疫条件合格证》需要以下申请材料并按照要求打印、整理、装订成册：

1.《动物防疫条件合格证》申请表：如实填写申办单位及场所的基本情况（单位名称、法人代表、企业性质、经营范围、单位地址、人员配置、主要防疫措施等内容）。

2. 场所地理位置图、各功能区布局平面图：能够反映出黑山羊场区规划设计特点、隔离防疫设施位置、羊舍位置及其距离等内容。

3. 设施设备清单：包括进入羊场生活区和生产区的消毒池、消毒室、兽医室、隔离区、病死羊处理设施、粪尿处理设施、污水处理设施、羊舍内景和外景照片及其功能说明资料。

4. 管理制度文本：养殖档案、人员岗位责任制度、消毒制度、免疫制度、疫情报告制度、检疫申报制度、无害化处理制度、畜禽标识制度、安全用药制度、安全生产制度等。

5. 人员情况：包括养殖场人员情况、兽医人员学历证明、培训证书、资格证明、饲养人员的健康证明等材料原件及复印件。

6. 工商营业执照复印件，农用设施土地备案登记表复印件。

7. 环境影响评估文件（项目建设环境影响报告书或项目建设环境影响登记表）。

四、如何办理《种畜禽生产经营许可证》

依据《中华人民共和国畜牧法》（2005 年主席令第 45 号发布）第二十二条、国务院《种畜禽管理条例》、农业部《种畜禽管理条例实施细则》和各省、自治区、直辖市管理办法，从事种畜禽生产经营应当取得《种畜禽生产经营许可证》。

（一）条件要求

场址的地势、交通、通信、水源、能源和防疫隔离条件良好；办公区、生活区、生产区、隔离区、无害化处理区等分开；种畜禽舍布局合理，并按照不同生长阶段合理设定各类功能羊舍；种畜禽舍的建筑设计符合动物防疫要求，采光、通风良好；生产区内净道和污道分开设置，有粪污排放处理设施和场所，保证污染物达标排放，防止污染环境。

有符合以下规定的群体规模和相应的繁育设施设备。种羊场应当有与生产经营规模相适应的青粗饲料来源，或有足够的放牧场地或饲料地和青贮池（窖）等配套设施。应当达到的群体规模：

1. 原种场：单品种一级基础母羊100只以上。

2. 扩繁场：一级基础母羊200只以上。

（二）申请材料

种羊供种企业办理《种畜禽生产经营许可证》，由申请人向县级以上农业行政主管部门提出申请并需提供以下材料：

1.《种畜禽生产经营许可证》申请表。

2. 申请报告。主要内容包括按照各省市《种畜禽生产经营许可证》管理办法的基本条件详细说明，如企业简介、基本情况（场址、占地面积、圈舍建筑及布局、饲养、选育、防疫、粪污处理及设施设备等情况）、技术力量、种畜禽来源及群体规模，按品种、性别分别详述其来源（出示引种证明原件和复印件）、规模及血缘或家系数、种畜禽选育及生产性能、种畜禽质量管理及保证措施等。

3.《动物防疫条件合格证》（原件和复印件）。

第二章 黑山羊的品种与繁育

第一节 国内主要黑山羊品种

一、浏阳黑山羊

浏阳黑山羊又名湘东黑山羊，属于皮肉兼用型地方山羊品种。

产区分布：浏阳黑山羊主要产区为湖南省东部的浏阳市，毗邻的长沙、株洲、醴陵、平江及江西省的铜鼓等地也有少量分布。

外貌特征：浏阳黑山羊被毛为全黑色，且有光泽，头小而清秀，眼大有神，有角，角呈扁三角锥形，耳竖立，额面微突起，鼻梁微隆。胸部较窄，后躯发达。四肢短直，蹄壳结实，尾短而上翘，冬季着生一层绒毛。公羊被毛比母羊稍长，皮肤呈青紫色。公、母羊均有角，角稍扁，呈灰黑色。公羊角向后两侧伸展，呈镰刀状，鬐甲部稍高于十字部，背腰平直。母羊角较小，向上斜伸呈倒“八”字形，鬐甲部略低于十字部，背腰凹陷。

生产性能：屠宰胴体表皮青缎色，肉质细嫩、瘦肉多、脂肪少，肌肉红色均匀有光泽，脂肪白色或微黄色，纤维清晰，有韧性，外表微干不黏手，指压凹陷立即恢复，无异味。肉膻味小，小炒鲜嫩，炖煮汤呈乳白色，皮薄、绵软易嚼，具特有鲜香味。体重：成年公羊体重为 30 kg 左右，母羊为 26 kg 左右，羯羊少数可达 60 kg。屠宰率为 41%左右，最高为 51.7%；在进行圈养育肥的情况下，屠宰率可达 48%。繁殖力强，公母羊均 3 月龄性成熟，初配年龄公羊 6～8 月龄、母羊 4～5 月龄。成年母羊一年四季都会发情，但发情多数集中在春、秋两季，发情周期一般为 19～24 天，妊娠期平均为 152 天；大多数一年可产两胎，且多产双羔，产羔率为 171%～199%。

品种特点：浏阳黑山羊具有适应性强、繁殖率高、产肉性能好、板皮质量优、适合放牧等特点。

养殖要点：浏阳黑山羊春、夏、秋三季以放牧为主，冬季多为舍饲与放牧相结合，并补喂各种蔬菜嫩叶、玉米秸秆及农副产品等。

适宜区域：适合于在低山丘陵或山区饲养。

二、贵州黑山羊

贵州黑山羊是在贵州当地自然生态环境下长期自然选择和人工选择形成的，属肉皮兼用型地方山羊品种。

产区分布：贵州黑山羊主产于威宁、赫章、水城、盘州等县，分布于贵州毕节、六盘水、黔西南、黔南和安顺等五个地、州（市）所属的29个县（区）。

外貌特征：贵州黑山羊毛以黑色为主，有少量个体被毛褐色或体花。体质结实、结构紧凑、体格中等。头大小适中、头形略显狭长，额平。多数有角，角扁平或半圆形，向后向外延伸成弓形或镰刀形；少数无角，俗称“马头羊”。鼻梁平直，耳小、平伸。皮肤紧凑，无皱褶，多数无肉垂。体躯近似长方形，胸部略狭窄，肋开张，背腰平直，斜尻。四肢略显细长，但坚实有力。骨骼结实，肌肉发育较丰满。

生产性能：羔羊初生重1.5 kg，3～4月龄断奶；成年公羊平均体重42 kg、体高61.5 cm；成年母羊平均体重30 kg，体高57.1 cm。公羊4月龄性成熟，7月龄初配；母羊6月龄性成熟，9月龄初配。母羊可全年发情，但春、秋两季较集中，产羔率152%。

品种特点：食性广、耐粗饲、放牧能力强、抗逆性好，饲养成本低，肉质细嫩、膻味轻，深受本地市场和两广、海南市场欢迎。

养殖要点：产区灌丛、牧草资源丰富，雨热同季，春季牧草返青至入冬前，以放牧饲养为主，收牧后不补饲或补饲少量食盐、玉米，冬春季节饲喂人工牧草、青贮、秸秆等农副产品和一定量的玉米或配合饲料。

适宜区域：南方山区或丘陵地区饲养。

三、建昌黑山羊

建昌黑山羊属肉皮兼用型地方山羊品种。

产区分布：建昌黑山羊主要分布在云贵高原与青藏高原之间的横断山脉延伸地带，四川省的凉山彝族自治州的会理和会东海拔2500 m以下地区，邻近的攀枝花市也有分布。

外貌特征：建昌黑山羊体格中等，体躯匀称，略呈长方形。头呈三角形，鼻梁平直，两耳向前倾立，公母羊绝大多数有角、有髯，公羊角粗大，向后下弯曲呈镰刀状，略向后外侧扭转，母羊角较小，多向后上方弯曲，向外侧扭转。被毛光泽，大多为黑色，少数为白色、黄色和杂色。被毛内层生长有短而稀的绒毛。

生产性能：成年公羊平均体重 31 kg，体长 60.6 cm，体高 57.7 cm；成年母羊平均体重 28.9 kg，体长 58.9 cm，体高 56.0 cm。周岁公羊体重相当于成年公羊体重的 71.6%，周岁母羊体重相当于成年母羊体重的 76.4%。成年羯羊屠宰率 51.4%，净肉率 38.2%。

品种特点：建昌黑山羊生长发育快，性成熟早，产羔率 116.0%。其皮板幅张大，面积为 5000～6400 cm^2，厚薄均匀，富于弹性，是制革的好原料。

养殖要点：成年建昌黑山羊以放牧饲养为主，发展的数量多一般配合种植牧草来喂养，农村可实行放养和圈养结合，羔羊多实行自然哺乳和自然断奶。加大本品种选育，着重提高其繁殖率和肉用性能。

适宜区域：适合在低山丘陵或山区饲养。

四、麻城黑山羊

麻城黑山羊原称“青羊”，后改称“福田河黑山羊”，2002 年正式命名为“麻城黑山羊”。属肉皮兼用型地方山羊品种。

产区分布：麻城黑山羊主产区为湖北省麻城市，分布于鄂豫皖三省交界的大别山地区的红安、新洲、团风、光山、新县、罗田等地。

外貌特征：麻城黑山羊体质结实、结构匀称。全身被毛黑色，毛短贴身，有光泽，成年公羊背部毛长 5～16 cm。少数羊初生黑色，3～6 月龄毛色变为黑黄，后又逐渐变黑。分有角、无角，无角羊头略长，近似马头；有角羊角粗壮，公羊角更粗，多呈弧形向后弯曲。耳较大，一般向前稍下垂。公羊 6 月龄左右开始长髯，有的公羊髯一直连至胸前，母羊一般周岁左右长髯。成年公羊颈粗短、雄壮，母羊颈细长、清秀。头颈肩结合良好，前胸发达，后躯发育良好，背腰平直，四肢端正粗壮，蹄质坚实，乳房发达，有效乳头两个，有些羊还有两个副乳头，尾短上翘。

生产性能：平均初生重为公羊 1.93 kg、母羊 1.75 kg，哺乳期日增重公羊为 96 g、母羊为 91 g，断奶至 6 月龄期的日增重公羊为 87 g、母羊为 70 g，这表明麻城黑山羊断奶后仍然具有较快的生长速度。另据试验，断奶羔羊每日若补充混合精料 0.2 kg，则平均日增重可达 152 g，这充分表明该品种具有良好的育肥性能。周岁公、母羊的体重一般分别为 27.4 kg 和 25.41 kg，成年公、母羊一般分别为 37.0 kg 和 36.8 kg，大的公羊为 76 kg、母羊为 68 kg。

品种特点：麻城黑山羊具有性成熟早、繁殖率高、抗逆性强、易放牧、生长速度快等特点。

养殖要点：麻城黑山羊多以放牧和舍饲相结合的方式饲养，夏秋季节在山林草地、田头路边放牧或系牧，冬春季节或农忙时舍饲，在草料架上放置作物秸秆或干草，任其自由采食。

适宜区域：适合山区、丘陵、平原放牧饲养。

五、渝东黑山羊

渝东黑山羊又名涪陵黑山羊，俗称铁石山羊，属肉皮兼用型地方山羊品种。

产区分布：渝东黑山羊主产区为重庆市的涪陵区、丰都县和武隆县，周边的黔江区、彭水县、酉阳县等区县和贵州省少数区县也有分布。

外貌特征：渝东黑山羊全身被毛为黑色，富有光泽。成年公羊被毛较粗长，母羊被毛较短；头呈三角形，中等大小；鼻梁平直，两耳直立向上；多数公、母羊有角和胡须；四肢粗短，肌肉发达，蹄质坚实。头颈躯干结合紧凑，后躯略高于前躯，腰背平直，胸较宽深，肋骨开张，臀部稍有倾斜；后肢结实，尾短直立。

生产性能：成年公羊体高 61.1±5.29 cm、母羊 57.53±2.66 cm；成年公羊体重 39.51±8.31 kg、母羊 34.31±6.41 kg；公羊 5～7 月龄性成熟，母羊 4～6 月龄开始发情；初产母羊产羔率 136.37%、经产母羊产羔率 194.37%；羔羊断奶成活率 94.52%；哺乳期日增重 68.16 ±15 g。12 月龄屠宰率为 48.35%、净肉率为 38.88%。

品种特点：渝东黑山羊具有抗病力强、繁殖率高、配合力好、生长发育快、耐粗饲、易管理、肉质细嫩、风味独特、屠宰率高等优良特征，其独有的特性和优良的品质，极具开发利用价值。

养殖要点：渝东黑山羊多以放牧为主，冬季采取放牧与补饲相结合的方式。补饲粗饲料以饲喂花生秧和地瓜秧为主，精饲料以玉米、麦麸、米糠为主。

适宜区域：适合山区及丘陵地区放牧饲养。

六、莱芜黑山羊

莱芜黑山羊又名莱芜大黑山羊，属肉绒兼用型地方山羊品种。

产区分布：莱芜黑山羊主产区为山东省莱芜市，主要分布于莱芜市的茶叶、雪野、口镇、大王庄、和庄、辛庄、苗山、里辛等8个乡镇及周边泰安市岱岳和新泰、淄博市博山、济南市章丘等县市区的部分相邻乡镇。

外貌特征：莱芜黑山羊被毛以纯黑为主，占90%，少数为“火焰腿”，即背侧部毛为黑色，四肢、腹部、肛门周围、耳内及面部毛色为深浅不一的黄色。皮肤均为黑色。体格中等，体形呈长方形，四肢健壮结实，结构匀称。尾短瘦，上翘。公羊被毛长披，头大、颈粗，前躯发达，雄性特征明显，大多有角，角粗壮，角型有剪刀形、倒八字形、捻角形等，睾丸发育良好，附睾明显。母羊被毛稍短，头小而清秀，颈细长，前躯较窄，后躯发育良好，大多数有角，角纤细，角型有倒八字形、板角形等，乳房发育良好，乳头大小适中。尾短瘦而上翘。

生产性能：莱芜黑山羊公、母羊一般4～6月龄性成熟，周岁公羊即可用于配种，母羊初配年龄为7～9月龄。母羊四季发情，以春、秋季节发情较为集中，发情周期为20天，发情持续期28～34小时，妊娠期150天，产羔率164%。

品种特点：莱芜黑山羊具有繁殖率高、产绒性能好、肉质鲜美、抗病适应性强等优良种质特性。

养殖要点：莱芜黑山羊在山区多以放牧为主，冬季采取放牧与补饲相结合的方式。一般为20～150只公、母羊混群放牧。配种前补饲粗玉米、米糠等精饲料，粗饲料多为野干草、灌木树叶等。饲养过程中加强选育，着重提高其繁殖性能和产绒量。

适宜区域：适合山区及丘陵地区放牧饲养。

七、白玉黑山羊

白玉黑山羊的饲养历史悠久，是当地牧民把野生藏山羊经过驯化后形成的种群，属肉用型地方山羊品种。

产区分布：白玉黑山羊主产区为四川省甘孜州白玉县，邻近的德格县、巴塘县也有分布。

外貌特征：白玉黑山羊全身被毛黑色，少数个体头黑、体花，皮肤为乌黑色。体格较小，体质结实，结构匀称。头中等大小，呈等腰三角形，额窄小，鼻梁微凸，公羊有角，母羊少数有角，角大小适中，向上向后两侧生长，角似弯月形。眼睛大小适中而有神，耳中等大小且直立。颈部伸展无肉垂，长度适中，躯干整体略呈长方形，背腰平直，胸较深，腹中等大小，臀部稍斜，四肢健壮，蹄质坚实，尾短呈矩形，四肢骨骼粗壮结实，肌肉发育适中。

生产性能：成年公羊体重为 34 kg 左右，体高为 63 cm 左右；成年母羊体重为 25 kg 左右，体高为 54 cm；成年公羊屠宰率为 47%，母羊为 40.5%，净肉率分别为 13.2 kg 和 7.2 kg。公羊性成熟在 10～12 月龄，初配年龄在 10 月龄；母羊性成熟在 8～10 月龄，初配年龄在 8 月龄。发情周期 18～21 天，怀孕期 150 天左右，产羔率为 82.2%，羔羊成活率 80%。公羊可利用 7～8 年，母羊可利用 8～10 年。

品种特点：白玉黑山羊在高海拔和严酷自然环境条件下能保持较好的生活力，适应性强。

养殖要点：白玉黑山羊全年放牧饲养，一般不补饲，仅在冬、春季节给怀孕母羊补饲少量青稞和青干草。在饲养过程中应加强本品种选育，提高其产肉性能，不断提高群体整齐度。

适宜区域：适合山区及高海拔地区放牧饲养。

八、吕梁黑山羊

吕梁黑山羊属肉绒兼用型地方山羊品种。

产区分布：吕梁黑山羊主产区为山西省吕梁市，分布于晋西黄土高原一带的吕梁山区。

外貌特征：吕梁黑山羊全身被毛分内外两层，外层长有髓毛，内层为短而纤细的无髓毛。按毛色分为黑羊型和青背型两种，以黑羊型居多，青背型次之。体格中等，体质结实，结构匀称。头清秀，额稍宽，耳薄、灵活。公母羊都有角，公羊角较发达，以撇角居多，其次是倒八字角和弯角。后躯高于前躯，体躯呈长方形，四肢端正，强健有力。

生产性能：吕梁黑山羊在梳绒后 1 个月左右剪毛，成年公羊剪毛量为 433 g，绒量为 9.4 g，母羊为 234 g 和 77 g。绒毛细度为 14 μm（80 支左右），绒毛长为 2.78 cm。屠宰率：成年羯羊平均为 52.6%，当年羯羊为 45.8%。一般 5～6 月龄性成熟，初配年龄为 1.5 周岁。母羊发情周期 18 天，妊娠期 149 天左右，配种以 11 月较集中，产羔期在次年 4～5 月，产羔率 94%～105%，羔羊成活率 85%左右。具有抗寒、抗病、耐粗饲等生活性能。

品种特点：吕梁黑山羊生长在1300～3000 m的丘陵与山区，适应气温低、春季干旱、夏季多雨潮湿、秋季阴雨冷凉、冬季干燥严寒的生存环境，喜攀岩、耐粗饲、采食性强、性情温驯、抗病力强。

养殖要点：吕梁黑山羊以放牧饲养为主，冬季归牧后补喂秸秆等粗饲料，对部分体弱羊、怀孕羊补喂玉米、豆饼等精饲料。

适宜区域：适合丘陵与山区放牧饲养。

九、川南黑山羊

川南黑山羊又分“自贡型”和“江安型”，属肉皮兼用型地方山羊品种。

产区分布：川南黑山羊主产区为四川省自贡市的富顺县、荣县和宜宾市的江安县、屏山县、南溪区。“自贡型”分布于自贡市各区县；“江安型”主要分布于宜宾市各区县。泸州市的江阳区、纳溪区、合江县也有分布。

外貌特征：川南黑山羊全身被毛黑色、富有光泽，成年羊换毛季节有少量毛纤维末梢呈棕色。成年公羊有毛髯，颈、肩、股部有蓑衣状长毛，沿背脊有粗黑长毛。体格中等，体质结实，结构匀称。多数羊有角，公羊角粗大，向后下弯曲，呈镰刀状；母羊角较小，呈八字形。头大小适中，额宽，面平，鼻梁微隆，耳竖。颈长短适中，背腰平直，胸深广，肋骨开张，尻部丰满。公羊睾丸对称、大小适中，发育良好；母羊乳房丰满、呈球形。

生产性能：川南黑山羊母羊3月龄性成熟，初配年龄为5～6月龄；公羊6～7月龄性成熟。母羊发情周期20.6天，发情持续期46小时，妊娠期148天，年产羔1.7胎。母羊平均产羔率205.2%，初产母羊产羔率161.8%，经产母羊产羔率219.6%。羔羊成活率90%左右。其中自贡型初产母羊产羔率为185%，经产母羊产羔率为213.4%；江安型初产母羊产羔率为138.6%，经产母羊产羔率为225.8%。

品种特点：川南黑山羊品种具有性成熟早、前期生长发育快、繁殖率高、适应性强、板皮品质优良，耐粗饲，遗传性能稳定等特点，尤以羔羊肉质细嫩、膻味轻为其显著特点。

养殖要点：川南黑山羊以草山草坡常年放牧饲养为主，放牧饲养的羊在冬、春季节或母羊产羔时、归牧后适当补饲玉米、豆饼等精饲料。

适宜区域：适合低山区放牧饲养。

十、沂蒙黑山羊

沂蒙黑山羊共有“花迷子”“火眼子”“二粉子”“秃头”四个品系。属肉、绒、毛、皮兼用型地方山羊品种。

产区分布：沂蒙黑山羊主产区为山东省中南部的泰山、沂山及蒙山山区，以沂河、沭河流域上游的沂源县、新泰县、沂水县、蒙阴县和费县等县（市）为中心产区。

外貌特征：沂蒙黑山羊被毛以黑色为主，青灰色、棕红色次之，少部分为“二花脸”，即全身被毛黑色，但面部鼻梁两侧有白毛或红毛，腹下至四肢末端为白色或棕红色。身躯高大，结构匀称，头短额宽，眼大有神，颌下有髯，颈肩结合良好，背腰平直，胸深，肋较圆，四肢端正，健壮有力，尾短而上翘。公、母羊多数有角，公羊角粗长，向后上方捻曲伸展；母羊角短小。

生产性能：沂蒙黑山羊的羔羊初生重平均 1.8 kg，90 日龄断奶重 10 kg。母羊一般 4～5 月龄性成熟，初配年龄为 9 月龄，多数羊为季节性发情，母羊发情周期 15～20 天，妊娠期 150 天左右，繁殖率 140%以上，羔羊成活率 90%。羔羊性别比例公羔为 56%，母羔为 44%。公羊一般 6～7 月龄性成熟，初配年龄为 1 周岁。

品种特点：沂蒙黑山羊采食性广、耐粗饲、抗逆性强，对山区的自然生态环境有良好的适应能力。沂蒙黑山羊力气大，耐力好，善于登山，能在悬崖陡壁上放牧采食，素有“山羊猴子”之称。喜高燥，爱干净，不吃污染饲草。具有肉质细嫩、色泽鲜红、味道鲜美、膻味小的特点，是理想的高蛋白质、低脂肪营养保健食品。

养殖要点：沂蒙黑山羊每年 4～9 月份为放牧期，其他月份为半牧半舍饲期，粗饲料多为玉米秸秆、杂草、树叶等。一般不补喂精饲料，但对部分体弱羊，以及怀孕母羊后期、产羔期，公羊配种期酌情补喂精饲料。

适宜区域：适合山区放牧饲养。

第二节　黑山羊的繁殖技术

一、发情规律

发情：指母羊发育到一定程度所表现的一种周期性的性活动现象，母羊发情时，常常表现兴奋不安，对外源刺激反应敏感，食欲减退，有交配欲，主动接近公羊，在公羊追逐或爬跨时常站立不动。

发情持续期：母羊发情时一般持续一定的时间。母羊每次发情持续的时间称为发情持续期。山羊的发情持续期一般为 2～3 天，但具体发情持续时间随年龄及体况而有不同。

母羊排卵一般多在发情后期，卵子排出后在输卵管中存活的时间为4～8小时，公羊的精子在母羊生殖道内受精作用最旺盛的时间为交配、输精后的 24 小时。为了使精子和卵子得到充分的结合机会，最好在排卵前数小时内配种。因此，比较适宜的配种时间为发情中期（即发情后 12～16 小时）。在养羊生产实践中，特别是公、母羊分开饲养后，应采用早晨试情，与发情母羊配种一次，到傍晚复配一次，能提高山羊的受胎率。

发情周期：在一个发情期内，未经配种或配种未孕的母羊，其生殖器官和机体在一定时间内发生一系列周期性变化，会再次发情。母羊从上次发情到下次发情的间隔时间为一个发情周期。山羊的发情周期一般为 18～24 天，平均为 21 天。

二、同期发情技术

同期发情：对母羊进行同期发情处理方法称为同期发情，其目的是统一配种，集中产羔，规模育肥。同期发情是用外源激素或其他类似药物对母羊进行处理，有意识地干扰其生殖生理过程，人为地把发情周期控制并调整到相同阶段，从而诱发母羊在较短的时间（2～3 天）内集中发情，统一配种，有利于肉羊生产和提高繁殖率。

用于同期发情的生殖激素和使用方法：

（1）孕激素：

常用的孕激素种类及剂量为：孕酮 150～300 mg，甲孕酮 50～70 mg，甲地孕酮 80～150 mg。使用方法：将沾有孕马血清促性腺激素的海绵置于子宫颈口处，处理 10～14 天，停药后注射孕马血清促性腺激素 400～

500IPU，经 30 小时左右即开始发情，发情的当日和次日各输精 1 次。

（2）促性腺激素释放激素（GnRH）：主要作用于垂体前叶，既能促使黄体的释放，也能引起促卵泡素的释放。

（3）促卵泡素：又称卵泡刺激素，可促进卵发育及雌激素的分泌。

（4）促黄体素：引起卵泡排卵及黄体形成，并能刺激黄体分泌孕酮。

（5）雌激素：促使母畜发情，常用的雌激素有雌醇、己烯雌酚等。

（6）孕血清促性腺激素：促进卵泡发育。

（7）前列腺素：促进黄体的溶解。

三、黑山羊的妊娠、分娩、助产技术

1. 妊娠检查

黑山羊妊娠检查对于保胎、减少空怀、提高繁殖率都具有重要的意义。

黑山羊妊娠期一般为 150 天左右，因品种、年龄、季节及母羊营养状况等不同而有差异。配种后 1～2 个发情期如果不再发情，即可初步认为妊娠。

妊娠常用的检查方法有：腹部触摸法、外部观察法、虹膜检查法、尿液检查法。

2. 超声波检查

特点：探查时间短、无应激、准确率高，探查时无任何损伤和刺激。

检查时间：早孕监测，在配种后 30 天即可进行。

保定方式：让被检母羊在限饲栏内自由站立或侧卧。

检查位置：在大腿内侧、最后乳头外侧腹壁上进行探查。

操作方法：探查时，将探头涂上耦合剂，贴在下腹壁上检查即可。

结果判定：图像直观，若能看到黑色的孕囊暗区或者胎儿骨骼影像，即可确认早孕阳性。怀孕中后期，可观察到子宫内的羊水、子叶、胎儿以及胎儿蠕动和胎心搏动等。只要观察到蠕动的胎儿及胎心搏动就可判定该羊已经怀孕。如果发现子宫内仅有水样物或子叶，可能是子宫积水或者胎儿已经流产，不能视其为正常怀孕。如果观察到的子宫形态和位置没有明显的变化，不能判定怀孕，需进一步复查后再作判定。

注意事项：①羊用超声波诊断仪的安全性与超声波的强度和时间关系较大，其强度不得高于 100 MW/ cm^2。②在寒冷的冬季，应尽量避免刮去腹壁羊毛，尤其不提倡将腹壁毛沾湿后再刮去的做法。

3. 分娩与接产

母羊临产前乳房胀大，乳头直立，用手挤时有少量黄色初乳，阴门肿胀潮红，有时流出浓稠黏液。骨盆部韧带松弛，临产前 2～3 小时最明显。

在分娩前数小时，母羊机体的一些器官在组织和形态方面发生显著变化，常表现出精神不安，频频转动或起卧，有时用蹄刨地，排尿次数增多，不时回顾腹部；经常独处墙角或卧地，四肢伸直努责。放牧母羊常常掉队或卧地休息。

母羊分娩时，在努责开始时卧下，由羊膜绒毛膜形成的白色、半透明的囊状物至阴门突出，膜内有羊水和胎儿。羊膜绒毛膜破裂后排出羊水，几分钟至 30 分钟产出胎儿。正常胎位的羔羊出生时一般是两前肢及头部先出，头部紧靠在两前肢的上面。若产双羔，前后间隔 5～30 分钟，但也有长达数小时以上的。胎儿产下后 1～4 小时排出胎衣，子宫很快复原。

母羊若正常分娩，则羔羊两前肢和头部先出，其余部分很快脱离母体，不需助产。当产出第一只羔羊后，应立即检查是不是双胎。方法是在母羊腹部前侧，以手掌适当用力向上推举，如果是双胎，即可触到光滑的羔体。

羔羊出生后，要立即将其口鼻处黏液擦干净，并让母羊舔干羔羊全身，以增加母子感情。将初生羔羊黏液涂在母羊嘴上，诱其舔羔。

脐带通常自行搓断，如果未断则可以结扎后剪断，并严格消毒。

遇羔羊假死，可一人握住羔羊后肢正节上部倒提，另一人轻压羔羊胸部几下，促进羔羊正常呼吸。寒冷的冬天应注意羔羊的保暖。

母羊产后 1～4 小时胎衣自行排出，应及时清除，以防母羊吞食，影响泌乳量。

四、产后母羊与新生羔羊的护理

（1）产后母羊的护理

母羊产后身体疲乏，功能代谢下降，抗病力降低，应该加强护理，以保证母羊的健康、生产性能和羔羊的健康生长。

保持环境卫生和羊体干净。母羊生产后应立即把污物和地面清洁干净，换上干净的软草，并用温肥皂水把羊体的后部和乳房等部位擦干净，再用高锰酸钾清洗消毒，擦干。让母羊休息一会儿，再给羔羊喂奶。

饮温水。母羊产后应喂红糖麸皮水，水温一般在 30～35℃即可。还要饲喂一些容易消化的优质干草。母羊产后一星期内要一直饮用温水，以防饮用冷水而引起消化不良和胎衣不下等疾病。

注意保暖。母羊产后抵抗力减弱，应将其放在干燥、温暖的羊舍饲养，严防贼风，防止母羊患感冒、风湿等疾病。

逐渐增加喂料量。母羊产后，喂料要少而精，5～7 天后逐渐增加精料和多汁饲料的喂量，以增加产奶量，15 天后可恢复到正常饲喂水平。

（2）新生羔羊的护理

初生羔羊体质较弱，适应能力弱，抵抗力差，容易发病。哺乳期羔羊的死亡率占整个羊群死亡率的 85%。因此，做好新生羔羊的护理，是提高养羊效益的关键。

吃足初乳：母羊产后 3～7 天内分泌的乳汁称为初乳，初生羔羊体内缺乏抗体，不具备先天免疫能力，只有吃初乳才能获得抗体。初乳含有大量免疫球蛋白，而且羔羊出生后 24 小时内，对免疫球蛋白的吸收也非常有效。所以羔羊出生后应尽早吃到初乳。羔羊第一次吮乳应在接产人员护理下进行，如果一胎多羔，不能让第一只羔羊把初乳吃净，要使每只羔羊都能吃到初乳。

母羊缺奶采取的方法：给母羊补喂精料、萝卜、瓜类等多汁饲料和豆浆水，以提高母羊泌乳量。采取代乳或人工补乳。凡代乳或人工补乳的羔羊，都要保证它们尽早吃到初乳。代乳时，可将同期生产的单产母羊或死掉羔羊的母羊作保姆羊。因羊的嗅觉很灵敏，应采取强制的办法让保姆羊主动哺乳。具体做法是：在羔羊的头部、背部、尾部涂上保姆羊的胎液或乳汁，让保姆羊和羔羊在栏中单独饲喂几天，直到认羔为止。人工补乳时，应定时、定量、定次数。一般 7 日龄内每天喂 6～8 次，8～12 日龄每天喂 4～5 次，以后每天喂 3 次。

防治痢疾：在羔羊出生后 12 小时内灌服土霉素，每只每次 150～200 mg，每天 1 次，连服 3 天，预防痢疾。患痢疾后，用蒸馏水或凉白开水溶解 80 万 IU 链霉素一次灌服，效果很好。

防冻保温：羔羊出生后体温调节功能不完善，需热多，产热少，保温能力差，最怕寒冷。寒冷对羔羊的直接危害是冻死，又是压死、饿死和下痢的诱因。气候寒冷时，羔羊舍的温度应保持在 5℃ 为宜。冬季注意羔羊产后一周内不要到舍外有风的地方，以防感冒和呼吸道疾病。羔羊生下后如母羊没有舔净黏液，接产人员要用干毛巾把羔羊身体擦干。

补硒：羔羊白肌病是一种死亡率较高的疾病。为防止羔羊白肌病的发生，应在羔羊出生后 13 天左右注射 0.1% 亚硒酸钠维生素 E 复合制剂 12 mL，15 天后再注射一次。

去势：不留作种用的公羔均应去势，既便于管理，也有利于育肥出栏，并能改善肉的品质。主要的去势方法有结扎法、刀切法、去势钳法、药物去势法。

第三节　后备种山羊的选育

一、后备种公羊的选育

种公羊数量少，种用价值高。俗话说："公羊好好一坡，母羊好好一窝。"可见种公羊对羊群的质量、外形、繁育育种有着相当重要的作用，因此种公羊的选育至关重要。种公羊的选育方法多种多样，从易操作的角度出发，一般按以下四个步骤进行。

第一步：羔羊出生时，这个阶段进行初步筛选。淘汰弱羔、发育异常及残疾的羔羊，保留正常的个体作后续观察考评。

第二步：断奶时，这个阶段进行精选。保留体重大、生长发育快的羔羊，同等条件下，优先保留双羔羊，淘汰体重小、生长发育慢、单睾、隐睾、体躯和肢蹄不正、杂色的羊。

第三步：周岁时，这一步用于对后备公羊进行终选。根据公羊的体重和体形进行选择，要求骨骼大、体圆而深、背腰长、臀部紧、阴囊下垂等。

第四步：根据后代进行测定，后代测定是评定种公羊最可靠的方法。公羊所配母羊产下的后代，如果都表现好，则说明公羊较好；如果所配母羊产下的后代，大部分表现不好，则说明公羊不理想，应及时淘汰。

若引进成年种公羊，在引进之前一定要仔细地对种公羊进行生产性能检查和生产潜力评估。检查的方式包括检查公羊体形，查看配种记录、产羔记录等内容，能直观了解种羊的生产性能，查看记录要与检查公羊本身的方法相结合，这样还可以识别其记录的真实性。检查配种记录的意义在于为引种公羊提供依据。一只种羊，如果1～2年都没有参加配种，那么这只种用公羊的质量就需要认真考虑了。另外，从母羊的配种记录和产羔记录还可以反映出这只公羊的产羔率的高低、估测后代产双羔的比率、公羊的配种能力等情况。

引进种用公羊的最终目的是提高后代的生产性能和优良基因的纯合度，通过查看公羊配种后代的产羔情况和体形外貌的变化情况，可以直接了解该公羊使用价值的高低和作种羊使用的可靠程度。一只种公羊，虽然体格健壮，外貌也符合品种标准，但是后代的各方面都不理想，那么这只种公羊不算是好种羊；同样，如果种公羊在某些方面不太突出，但后代的生产性能比较理想，那么这只公羊仍然可以当作好种羊投入配种。

一只合格的种用公羊应性欲旺盛，精液品质良好，所以在引进种公羊时一定要仔细观察种公羊的性欲及检查种公羊的精液质量。观察公羊的性欲，可以通过观察公羊与公羊之间及公羊与母羊之间有无爬跨行为和亲近动作来具体判断，有爬跨行为和亲近动作则性欲较强，反之则性欲低下；进行精液质量的检查，可运用以下方法：将精液采出后，放在200～400倍的显微镜下观察，精子活力应达到50%～60%，密度应在每毫升10亿个以上，否则为繁殖性能低下。此外，正常的精液是乳白色或稍带黄色，精液发红发绿有异味或者有腥味，均为不正常精液，精液不正常的种公羊不能引入。

二、后备种母羊的选育

后备种母羊应挑选神态活泼，精力旺盛，食欲强，皮肤柔软有弹性的种母羊。体形方面，除了要挑选头小清秀、后躯发达、鼻子直、体形高大、四肢端正、腹大而不下垂、后躯宽深而不肥的，还要注意母羊的乳房，种母羊的乳房应发育良好，青年羊乳房圆润紧凑、大而均匀。要及时淘汰乳头不明显或有赘生乳头的羊只。

种母羊要具有较好的繁殖性能，才能获得较好的养殖效益，因此在引进成年种母羊时，除了要检查形态、精神等方面，还要认真检查母羊是否有繁殖方面的疾患。具体内容如下：检查母羊几岁开始产羔，一年能产几次羔及产双羔的比例，母羊是否总发情而难孕，是否有乳房炎、子宫炎，是否在羊群中受过伤造成子宫粘连，是否用生物激素处理过等，而在选羊时查看母羊的乳房是否发育过，是否正在哺乳或曾经哺乳过羔羊也非常重要。

第四节　黑山羊的引种及运输

一、黑山羊的引种

黑山羊的引种是黑山羊生产环节中的一个重要工作，因此，盲目地购买黑山羊进行饲养，可能会造成很大的经济损失。

（一）选择引种的地方

黑山羊虽然适应性很强，但引种前有必要对拟去引种的地方先进行引种前的考察，调查了解其生态、地理环境，与本地相差不太悬殊为佳，从低海拔地区引种到高海拔地区（2500 m 以上）容易产生呼吸道疾病；从炎热地区引种到寒冷地区不利于羊过冬，羔羊容易冻死。其次要了解拟引种的地方有无重大疫病流行，若引种地正在流行或刚流行过口蹄疫、布氏杆菌病、羊痘、羊快疫及重大寄生虫病等，应立即停止在该地区引种，以防带入病原。

（二）黑山羊产品的定位

黑山羊产品的定位是指生产出的黑山羊是作为肉用黑山羊还是种羊销售，如果是作为肉用黑山羊销售，则公羊和母羊可以引进不同的品种。比如努比亚羊公羊与本地黑山羊母羊杂交，具有杂交优势，对本地黑山羊周岁前的生长速度、产肉性能、屠宰率有较大提高。如果是作为种羊销售，公羊和母羊必须是同一品种，而且要到具有《种畜禽生产经营许可证》的种羊场，且公羊的血缘应保证在六个或六个以上，避免近亲繁殖。

（三）系谱档案资料

引种时，首先要对系谱资料进行查对，所引进的种公羊要查到三代以上血缘，且保证引进场内至少有六个以上血缘。对引入的种母羊和种公羊进行血缘关系清理后，制定相应的配种计划表，按照配种表进行配种。引种时，种羊卡片、疫苗注射时间、检疫证明、《种畜禽生产经营许可证》《动物防疫条件合格证》等资料必须备齐，便于以后查找。

（四）引种时间选择

一般来说，气候较适宜的引种季节是春、秋两季，夏季温度太高，冬季温度太低，都不宜引种。一般可以选择在 8～10 月为宜，南方 8～10 月正处在气候转凉，气温在 20～30℃，有利于黑山羊运输。且这时雨量减少，气候干燥，牧草正是成熟时期，羊群放牧容易上膘，又经过一个冬天的饲养，对本地的地理环境、气候及饲养管理方法逐渐适应。到次年春、夏季节就能正常繁殖生产。其次，8～10 月正是黑山羊配种季节，许多母羊已经怀孕，不久就能产羔，对加快黑山羊发展有利。从引种区域来说，由温暖地区向寒冷地区引种，应选择夏季为宜，运输则应选择在夜间，防止日晒。

（五）引种数量规划

根据当地农业生产、市场行情、生长规律、饲草饲料、羊舍准备情况，结合饲养人员的技术水平，确定合理的引种数量。

二、引种的注意事项

（1）在引种前要根据当地农业生产、饲草饲料、地理位置等因素加以分析，有针对性地考察几个黑山羊品种的特性及对当地的适应性，进而有目标和有计划地引进种羊，绝不能听说哪个品种好就盲目引进。

（2）引种一定要选择有资质、质量好、信誉好的种畜场，不要被广告和价格所诱惑，头脑要清醒。引种时一定要主动与当地农业主管部门取得联系，了解该场是否有畜牧部门签发的《种畜禽生产经营许可证》。

（3）挑选种羊技术要点：一看外貌特征、体形、精神状态、牙齿；二摸膘情、睾丸，以判断品种的纯度和健康状况等。年龄大小，可从角轮、外形和换齿的对数确定。角的年轮多，头短而宽，嘴较尖是老羊的特征。引进种羊以1～2岁的青壮年羊为最佳，因青壮年羊可塑性大，易调教，且适应性强，繁殖率高，利用年限长，对加快羊群发展有利。

（4）六证要齐全：《种畜禽生产经营许可证》《动物防疫条件合格证》《动物检疫合格证明》《种黑山羊系谱及生长发育卡》《出境动物检疫合格证》《种用山羊合格证》。

（5）尽量在一群羊中挑选，这样引种后的羊只放牧时易合群，便于管理。

三、黑山羊运输的注意事项

（1）运输种黑山羊前，查询沿途的天气情况，了解天气状况，尽量避开沿途雨雪天气；办好产地检疫和过境检疫及相关手续。

（2）种黑山羊装车前要给羊饮足水，不宜喂食过饱，以防腹部内容物多，车上颠簸引起不良反应；运程在一天之内的无需喂草料，运程在一天以上的，每天应喂草2～3次，饮水不少于2次，且应保证每只羊都能饮到水、吃到草料。

（3）在装车前要对车辆及其用具进行严格消毒，装种黑山羊的车厢内铺上垫料，如稻草、谷壳或干树叶等，以防黑山羊在运输过程中滑倒而相互挤压致死。

（4）所装种黑山羊不能过密过挤，要将体质强、弱黑山羊，大、小黑山羊，公、母黑山羊分开装；妊娠母羊不能托肚子装车，以防流产。种黑山羊数量多的情况下，必须用笼子车，切记不能用平板车拉羊。

（5）运输途中要尽量匀速行驶，避免突然刹车，在颠簸路面和坡路行驶要缓慢，防止黑山羊挤压致死，中途停车或人员休息时要安排专人看护，防止黑山羊跳车或者被盗。

（6）冬季要注意保暖，夏季要注意防暑；夏季运输时，车厢要通风，避免酷暑期装运种黑山羊，应避免在炎热的中午装车，尽量在早、晚和夜间装运。押运人员要经常检查车上的黑山羊，发现黑山羊怪叫、倒卧时要及时停车，将其拉起，安置到不易被挤压的地方。

四、卸车时的注意事项

（1）到场后要及时卸车，卸车时切记不能大声吆喝或拿棍驱赶，动作要温柔。

（2）卸车时要防止车厢板与车厢之间的缝隙夹断羊腿，最好将运输车辆停靠在高台或用板做坡道，防止黑山羊跳车造成流产、肢蹄损伤等。

（3）卸车时不要从高处往下扔黑山羊，最好是从高处往下抱羊或者搭建斜梯让羊从上往下走。

（4）种羊进场经充分休息后，安排首次自由饮水。水温适中，用量适宜。饮水中最好加入适量的电解多维、黄芪多糖等，可有效帮助恢复体能，提高抗病力。一星期后，改为常态化饮水。初次饮水 2～3 小时后，开始投喂优质的混合草料。

（5）种黑山羊到场后应安排到隔离栏舍，进行隔离观察、消毒和必要的免疫注射（隔离观察时间为 1 个月）。注意观察羊群的精神、采食、饮水、运动、粪便等状况，如发现异常，要及时采取相应有效的措施。对有咳嗽、流鼻涕等症状的不能仅按一般的感冒进行处理，还应结合支气管炎和肺炎等疾病进行综合防治；对表现有传染性脓疱性口膜炎（羊口疮）、传染性结膜炎、疥癣、黑山羊传染性胸膜肺炎等传染病症状的黑山羊，应及时隔离治疗，防止疫情扩散。

第三章　饲料加工与利用

第一节　饲料种类

一、青饲料

青饲料具有水分多，体积大，粗纤维少，蛋白质、矿物质、维生素含量丰富的特点。青饲料主要包括野生青草、人工种植的牧草、树叶、菜叶、青割农作物等。

二、粗饲料

粗饲料具有体积大，水分少，粗纤维多，可消化营养少的特点。粗饲料主要包括各种青干草，农作物秸秆、秕壳、藤蔓、树叶、糟渣类等。

三、精饲料

精饲料具有体积小，水分少，粗纤维低，消化率较高，营养丰富的特点。精饲料主要用于补充黑山羊所需能量、蛋白质，主要包括谷类、豆类、饼粕类等。

四、多汁饲料

多汁饲料具有含水分高，含糖分多，粗纤维含量低，适口性好，消化率高的特点。多汁饲料包括块根块茎类、瓜果类、蔬菜类。常见的多汁饲料有红薯、胡萝卜、白萝卜、马铃薯、饲用甜菜及甜菜渣等。

五、青贮饲料

新鲜的青绿饲料或在新鲜的青绿饲料中添加辅料或添加剂后，在厌氧环境下，通过乳酸菌的发酵作用，使 pH 值下降而得以保存的饲料。青贮饲料能保持青绿饲料原有营养价值的75%以上，弥补了黑山羊越冬青绿饲料的不足。

六、黑山羊饲料所需要的矿物质与维生素

矿物质是黑山羊生产和生长必需的一类无机营养物质，主要分为天然矿物质饲料和人工合成矿物质饲料，如钙补充料、微量元素补充料等。维生素是黑山羊代谢所必需且量极少的低分子有机化合物。羊的瘤胃微生物可以合成维生素K和B族维生素，肝、肾可合成维生素C，一般除羔羊外，不需要额外添加。

（一）天然矿物质饲料

天然矿物质饲料主要有贝壳粉、石粉、麦饭石、沸石粉等。贝壳粉和石粉都能为黑山羊提供钙，且含钙量都在30%以上。石粉是天然矿石，贝壳粉是海产贝类外壳，两者主要成分都为碳酸钙。麦饭石和沸石粉都是矿石加工而成，主要化学成分是无机硅铝酸盐，两者都有吸附性和很好的流动性，在饲料中主要用它作为矿物质的载体。

（二）微量元素矿物质饲料

微量元素矿物质饲料有硫酸亚铁、硫酸铜、硫酸锰、硫酸锌、亚硒酸钠、碘化钾、碘酸钾、氯化钴等。

第二节　饲料加工

一、青干草的晒制

青干草是将优质的青绿饲料在未结籽实前适时收割，通过自然干燥或人工干燥而制作成的饲料。由于干草是由青绿植物通过人工干燥而制作成的饲料，干制后仍保留着青绿颜色，故称青干草。

青干草制作要点：

（1）掌握青绿饲料收割时期，在未结籽实前收割为佳。如豆科牧草的刈割时期以初花期至现蕾期为佳，禾本科牧草的刈割时期以孕穗期至抽穗期为佳。

（2）干燥过程中应尽量加快植物中水分蒸发的速度，缩短干燥时间，减少营养损失，但要防止暴晒时间过长。

（3）青绿饲料不宜雨天或者潮湿天气收割。自然干燥应选择晴朗天

气，晒制过程中要防止雨淋，尽量防止叶片丢失。

(4) 当调制的干草水分含量达到15%～18%时，为最佳贮藏时期。

(5) 青干草贮藏的方法有垛堆、草捆等。堆放地应选择地势高、离羊舍近的地方，贮藏过程中要注意防潮湿、防雨淋、防火、防鼠等。

二、青贮饲料的制作

青贮饲料是将青绿饲料贮入窖内，经过发酵而达到长期保存的一种方法。青贮饲料既能保持青绿饲料的营养价值，提高适口性，又可调节青饲料的均衡供应，是解决黑山羊越冬补充青绿饲料的有效方法。

(一) 青贮原理

主要是厌氧乳酸菌在无氧环境下以糖和淀粉为能源，进行大量繁殖，同时产生大量乳酸等，抑制其他微生物如腐败菌的繁殖；当pH值下降到4左右时，绝大部分微生物停止繁殖，乳酸菌本身也由于乳酸的不断积累而受到抑制，停止活动，使青贮窖内形成了无菌无氧的环境，使饲料得以长期保存，达到青贮的目的。

(二) 青贮步骤

建造青贮窖→准备原料→原料切碎→原料装填→原料压实→密封青贮窖→开窖取用。

(三) 制作要点

1. 根据青贮量选择不同的青贮容器，如水泥池、青贮缸、塑料袋等。

2. 水泥池青贮窖建造要选择在地势较高、排水方便、土质坚硬、离羊舍较近的地方。

3. 青贮原料要适时收割，掌握水分含量，水分多则不易贮存，以含水量65%～70%为宜。

4. 青贮原料要含有适当的糖分，最低含量不少于1%～1.5%，对于含糖少的原料与含糖多的实行混合青贮为佳，如豆科和禾本科混合青贮等。

5. 制作青贮时，原料须切碎，一般长度为3～5 cm，同时注意层层压实，排尽空气，形成无氧环境，以保证青贮的质量。塑料袋保存的青贮要放在不受阳光直射的地方。

6. 经常检查青贮窖，如发现裂缝、下陷、破洞等，应及时修补，以防止雨水进入和透气而影响青贮质量。

7. 青贮40天后即可开窖喂羊。开窖后可自上而下分层取用，若有变黑变质，应弃去不用。同时，取用后要密封，防止二次发酵。

8. 优质的青贮料，色泽黄绿或橙黄，气味芳香。青贮料具有轻泻作用，日喂量不宜超过黑山羊日采食量的30%～50%，一般为1～1.5 kg。怀孕母羊不宜多喂，霉烂变质的不能喂羊。

第三节　牧草利用与栽培技术

一、天然草地及其利用

天然草地是指所有形成草层（或草被）的多年生草本植物生长的陆地，或指天然或人工栽培的多年生草本植物所构成的植物群落，既包括天然草地，也包括人工草地。

（一）天然草地的发展趋势

天然草地总的发展趋势是：提高单位草地面积的载畜量和产草量，逐步实现机械化、水利化、化学化，最终实现草地生产的高度集约化。

在提高草地生产力方面，应采取以下措施：

1. 提高天然草地生产力，包括草地的保护和合理利用、草地生产的机械化、草地灌溉和施肥、围栏和供水、牧草补播、草地的更新等。

2. 建立人工草地，包括播种混合牧草、栽培高产的饲料作物、粮草轮作、配方施肥、牧草育种和优良种子的繁殖、牧草及饲料作物病虫害防治。

3. 高新技术的应用，主要包括系统工程理论、遥感技术、遗传育种工程、优良品种的推广等，极大地推动了草地事业的发展。

（二）天然草地的退化

我国是世界草地第二大国，在世界草地中占有极其重要的地位。近30多年来，由于种种原因，我国草地出现了前所未有的退化，特别是北方草原退化更为严重。主要是草地的沙化、贫瘠化和盐碱化，生产力水平有很大程度的降低。更为严重的是草地的退化又造成了我国生态环境的恶化，自然灾害极其频繁。我国目前有三分之一以上的草地受到“三化”的困扰，草地畜牧业乃至整个国民经济得不到持续发展。

1. 草地退化的主要原因：①草场载畜量过高；②利用和管理不当；③草地人为破坏严重；④生物多样性遭到严重破坏；⑤人畜争地日趋严重。

2. 草场种类成分发生变化：原来的建成种和优势种逐渐减少或衰退，而另一些原来次要的植物（杂草）增加，随后大量的非原有的侵入种成为优势植物。

3. 草场中优良牧草生长发育减弱：草场中可食产草量下降，而有毒、有害、不可食类植物增加。

4. 草场生态环境变化：主要是草场旱化、沙化及贫瘠化越来越严重，土壤持水率较差、地面裸露和草地病虫害严重，草场生产力降低，载畜量下降，草场质量变劣，导致家畜质量降低。

（三）草地的合理利用

草地的合理利用应着眼于对轻牧草地进行强迫采食和对重牧草地封育恢复的原则。利用不足与利用过度几乎在每一片人工草地中都同时存在，这主要是因为自由放牧或是划区轮牧不合理造成的。放牧过度草地杂草减少，播种牧草都是新发幼嫩叶片，适口性好，家畜就经常在上面采食，也就更加过牧；放牧不足的草地杂草多，播种牧草大多老化，适口性差，家畜不愿采食甚至不愿进入，也就更加导致放牧不足。

1. 划区轮牧

划区轮牧可强迫家畜采食。对于采食不足的小区，强迫家畜采食可改善草地状况，促进牧草再生，如白三叶等下繁草能获取更多的阳光和生存空间；而对利用过度的小区则起到一种封育的效果，使上繁草得以恢复，从而抑制下繁草的生长，改善豆科牧草占有比例。

2. 短期高密度放牧

主要针对放牧不足地段。在划区轮牧中，大多采用固定围栏，因受资金、管理、机械等因素的影响，小区不可能太小，故仍然会出现小区中过牧或利用不足的情况。若采用活动围栏将放牧不足的地段围起进行高密度放牧，这样可迅速消除杂草和上繁草，有利于促进下繁草生长，改善牧草质量。

3. 丰草季部分封育刈割

南方属雨热同季，往往出现雨季牧草过剩而旱季牧草缺乏的现象，在丰草季节家畜很难将牧草利用完，而很大部分牧草老化，这样适口性和营养价值逐渐降低，且影响牧草再生。应根据家畜需草量计算放牧面积，将多余草地封育刈割，做成青贮料或青干草，到缺草季节利用。

（四）草地的改良

根据退化程度和退化类别及地形特点分别用不同方法进行改良，避免全区域性的统一整地、统一混播组合、统一定植施肥的全体一致的做法，要做到利用与改良相结合。

1. 利用过度引起的退化草地改良

这类草地一般来说播种牧草含量较高，杂草较少，但豆、禾比例失调，牧草覆盖度、高度等较低，土壤板结，应采取轻耙（划破草皮）补播（缺啥补啥）封育的方法进行改良。

2. 利用不足引起的退化草地改良

这类草地播种牧草含量低，杂草多，重建整地困难，成本高，且建成后杂草危害仍相当严重。对这类草地应采取高度利用（重牧或过牧），若豆、禾比例失调的，可根据实际情况补播后封育，让其自然恢复。

3. 不可食杂草占优势的退化草地改良

这类草地一般是由于过牧后恶性杂草侵入引起的，如蒿类、白茅等杂草。对这类草地应彻底消除杂草后进行重建。

4. 科学利用草地，合理载畜

规定适宜的载畜量（载畜量是指单位面积草场在适宜的放牧情况下能容纳的牲畜头数和放牧时间）要做到五个平衡，即调控草畜平衡、草地利用强度平衡、播种牧草品种平衡、牧草供给的季节平衡、土壤养分供给与牧草生长养分需求平衡，这是保障人工草地不退化的基本要素。五种平衡相互联系、相互补充，缺一不可，如果五种平衡同时建立了，高效、低耗、可持续发展的人工草地放牧系统也就建立了。

二、牧草栽培

（一）黑麦草

黑麦草，禾本科黑麦草属，是重要的栽培牧草和绿肥作物。黑麦草是经济价值较高的栽培牧草，广泛栽培用作牛羊的饲草。黑麦草有多年生黑麦草和多花黑麦草两种。

1. 形态特征

黑麦草高 0.3～1 m，叶坚韧，茎直立，光滑中空，呈深绿色，小穗长在“之”字形花轴上，叶片长 15～35 cm，宽 0.3～0.6 cm。春、秋季生长繁茂，草质柔嫩多汁，适口性好，是牛、羊、兔、鸡、鹅、鱼的好饲料。供草期为 10 月至次年 5 月，夏天不能生长。颖果梭形，顶端尖锐，透明，边有细毛。

2. 生长习性

黑麦草根须发达，入土不深，丛生，分蘖多，喜温暖湿润土壤，pH 值为 6～7。该草适宜温度为 12～27℃，再生能力强，温度较低对分蘖有利。黑麦草耐湿，但在排水不良或地下水位过高时生长不利。

3. 播种期和播种量

播种时间为 9 月上旬至 11 月上旬，可散播或条播。条播行距 11～20 cm，覆土 1～2 cm。每亩播种量 1～1.5 kg。散播时遇田块干旱可灌水，保持土壤湿润。

4. 栽培技术

黑麦草为四倍体一年生草本植物，具有抗寒性好、不易倒伏、发芽快、再生迅速和高产的特点，苗期生长非常旺盛，播种 45 天后可进行第一次收割，以后每隔 15 天左右可刈割一次。南方丘陵地区适宜在水稻收获后播种，到来年种植水稻的 5～6 个月时间里每亩产鲜草 7000～15000 kg。

（1）施基肥和整地：播种前每亩施农家肥 500～1000 kg，如无农家肥等有机肥，可每亩施钙镁磷肥 25～30 kg 作基肥，施肥后翻耕整地做畦。黑麦草种子较小，要求畦面平整无大土块，用稻田播种四周开深排水沟，做到田间无积水，土壤保持湿润，又不淹苗。

（2）播种：播种可春播或秋播，播种方式采用条播或撒播，播种时间为 9 月上旬至 11 月底，最适播种期在 9～10 月，一般播种越早，产草量越高。播种前最好晒种 1 小时左右，用温开水浸种 12 小时或用 1%石灰水浸种 1～2 小时后再播种，这样可提高出苗率。

（3）中耕除杂：杂草主要发生在苗期，且播种期越早，杂草长势越旺，要做好除草。播种期在 10 月下旬后，苗期一般杂草较少。除杂草方法有播种前土壤处理、芽前处理、种苗期处理三种。播种前土壤处理即在播种前一天用草甘膦等喷洒，清除田间杂草；芽前处理即在播种后、出苗前用草甘膦喷洒；黑麦草苗期杂草一般以阔叶草为主，可用阔叶草除草剂在 2～3 片叶时及时喷洒除草。黑麦草分蘖盛期后生长茂盛，有较强的抑制杂草能力，不必除草。

（4）收割：收割产量、次数与播种期、土壤肥力和收割时株高相关，以播种期的影响最大，8 月下旬至 9 月上中旬播种，年内可收割 1～2 次，翌年 1 月至 6 月上旬可收割 3～6 次。每收割一次应每亩追施尿素 5～10 kg。为促进黑麦草分蘖，提高产量，要求第一茬及早收割，一般株高 40 cm左右，收割时留茬 5 cm，以利于再生。

5. 营养成分

黑麦草含粗蛋白 4.93%，粗脂肪 1.06%，无氮浸出物 4.57%，钙 0.075%，磷 0.07%，其中粗蛋白、粗脂肪比本地草高 3 倍以上。

（二）甜象草

甜象草为禾本科狼尾草属，是热带和亚热带地区广泛栽培的一种高蛋白高产牧草，具有适应性强、繁殖快、产量高、质量好和利用期长的特点，每年可收割6～8次，每亩产量15～30 t。是饲养牛羊的优质青绿饲草，种植一次可连续采收7～8年。

1. 形态特征

甜象草植株高一般2～3 m，根系发达，具有强大的伸展须根，能深入40 cm左右土层中，耐旱能力强。在温暖潮湿季节，中下部茎节能长出气生根；茎丛生、直立、有节，直径1～2 cm、圆形；分蘖多，可达50～100个；叶互生，长40～100 cm，宽1～3 cm，叶面有茸毛；种子成熟时易脱落，但发芽率很低，故通常采取无性繁殖，即采取自繁的芽节栽培。

2. 生长环境

甜象草喜温暖湿润气候，适应性广，在热带和亚热带海拔1200 m以下地区均能良好生长，抗寒能力强，能耐－5℃的短时低温。气温5℃以下时停止生长，8～10℃时生长受抑制，12～14℃时开始生长，23～35℃时生长良好。该草对土壤要求不严，在沙土、黏土和微酸性土壤中均能生长，但以土层深厚、肥沃疏松的土壤最为适宜。在湖南省浏阳地区的气候条件下可自然越冬，来年发芽率达90％以上，抗病虫害能力强。

3. 栽培时间

一年四季都可栽培，有霜地区一般在3～10月为最佳栽培时期；也可随时育苗随时移栽。

4. 栽培技术

（1）选地与整地

甜象草好高温，喜水肥，不耐涝。宜选择土层深厚、疏松肥沃、向阳、排水性能良好的土壤。种植前应深耕，清除杂草、石块等物，使表层土壤细碎、疏松，并重施农家肥作基肥，最好实行开畦种植，有利于排水及田间管理。沙质土壤或冈坡地应整为畦，便于灌溉；陡坡地应沿等高线平行开穴种植，以利于保持水土；平坦黏土地、河滩低洼地应整地为垄，垄间开沟，便于排水。新建基地，最好在栽植的上年冬季将土地深翻，过冬冻土，使土壤熟化，在栽种前再浅耕一遍，每亩施足农家肥3000 kg或复合肥100 kg。

（2）种苗选育及栽培

甜象草属无性繁殖植物，一般都采用成熟的甜象草茎节为种苗，采取无性的方式栽培，可利用茎节扦插或根茎分株移栽，快速扩繁。引种时要选择纯正、健康、无病虫害的甜象草种节，先撕去包裹腋芽的叶片，用刀切成小段，刀口的断面为斜面，每段保留一个节，每个节上应有一个腋芽，芽眼上部留短，下部留长。为提高成活率，有条件的可用生根粉液浸泡 4 小时（1 g 生根粉可处理茎节 1000 株）。当天切成的种节应当天下种，以防水分流失。

（3）田间管理

甜象草喜水，移栽大田后遇晴天久旱，应每隔 5 天浇水一次，但不耐渍水或水淹，因此，浇水应适度；雨季应注意排涝。甜象草耐肥，在施足基肥的前提下还须适时多次追肥，以促使植株早分蘖，多分蘖，加速蘖苗生长。在植株长到高 60 cm 左右时，追施一次有机肥或复合肥。一般植株在高 1.5 m 以上开始收割，收割时离地面留 5 cm 左右，整株收割；每次收割后两天左右，应进行松土、除苗、浇水、追肥一次。一般可追施氮肥（每亩 20～25 kg）或人畜粪肥，以确保牧草产量和质量。

（4）越冬保护

甜象草宿根性强，可连续收割 7 年，冬季应做好防冻保蔸。温度在 0℃左右的地区，可自然越冬；在霜冻期较长的地区，应培土保蔸或加盖塑料薄膜越冬。同时，应清除田间残叶杂草，减少病虫害越冬场所。

如温度过低或冰冻期较长的地区，可进行室内保种越冬，采取堆藏法、沟藏法、沙藏法或窖藏法都可，要注意管理，将温度和湿度控制在最佳范围内，否则引起甜象草干缩，会降低品质和成活率。

5. 利用方式

甜象草整株收割，可以整株或者切碎后饲喂；也可以青贮或晒干后储存，冬天利用；也可以晒干后粉碎成草粉，与玉米等调制成全价颗粒料。

（三）扁穗牛鞭草

扁穗牛鞭草，别名牛鞭草、牛仔草、铁马鞭，扁穗牛鞭草为禾本科牛鞭草属多年生草本植物。广泛分布于我国长江以南地区及河北、山东、陕西等地，东南亚等温带和热带地区也有分布。

1. 形态特征

扁穗牛鞭草秆高 60～150 cm，基部横卧地面，着土后节处易生根，有分支；叶片顶端渐尖，基部圆，无毛，边缘粗糙，叶片长 3～13 cm，宽 3～8 mm；叶鞘压扁，鞘口有疏毛。总状花序压扁，长 5～10 cm，直立，深绿色；穗轴坚韧，不易断落。

2. 植物特性

扁穗牛鞭草喜温暖湿润气候，在亚热带冬季也能保持青绿。冬季生长缓慢，只有最大生长量的十分之一；夏季生长快，7 月份日生长量可达 3.6 cm。该草播种出苗快，出苗 15 天即分蘖，有四次分蘖期。该草再生性能好，每年可刈割 4～6 次；每次刈割后 50 天即可生长到 100 cm 以上。刈割促进分蘖，第一次刈割后分蘖数量增加 150～175 倍。扁穗牛鞭草喜炎热，耐低温。极端最高温度达 39.8℃生长良好，−3℃枝叶仍能保持青绿。在高海拔的高山地带，能在有雪覆盖下越冬。该草宜在年平均气温 16.5℃地区生长，气温低影响产量。该草耐水淹，对土壤要求不严，pH 值为 6 时生长最好。扁穗牛鞭草根系分泌酚类化合物，抑制豆科牧草的生长，与三叶草、山蚂蝗混播时，豆科牧草生长不良。

3. 栽培技术

扁穗牛鞭草在土质肥沃的土壤上生长良好，产量高。在亚热带用种苗扦插方式进行无性繁殖，全年都可栽培，春季成活率 82%，夏季 86%，秋季 97%，冬季 60%左右。株行距为 5 cm×30 cm 为宜。扦插后施一次农家肥，缓苗快，产量高。以后每刈割一次施一次农家肥或氮肥，促进生长发育。

4. 饲用价值及利用技术

扁穗牛鞭草植株粗大，叶量丰富，适口性好，是牛、羊、兔的优质饲料。一般青饲为好，青饲有清香甜味，各种家畜都喜食。调制干草不易掉叶，但脱水慢、晾晒时间长，遇雨易腐烂。青贮效果很好，利用率高。

扁穗牛鞭草粗蛋白含量高，为优质牧草之一。该草青饲较佳，以拔节到孕穗前期刈割为宜，若调制干草则以拔节到抽穗期为好，青贮则以抽穗期至结实期为宜。刈割时期不同，代谢能值亦不同。从 4 月初至 8 月中下旬拔节期刈割，干物质中的代谢能为 9.26～9.65 MJ/kg；8 月底在开花期刈割，代谢能为 9.02～9.13 MJ/kg，拔节期高于结实期。

（四）白三叶草

白三叶草，又名白车轴草、白花三叶草、车轴草、荷兰翅摇，多年生草本，有白花三叶草和红花三叶草两种，是优质豆科类牧草。

1. 形态特征

白三叶草为多年生草本，茎匍匐，无毛，茎长 30～60 cm，掌状复叶有 3 小叶，小叶倒卵形或倒心形，长 1.2～2.5 cm，宽 1～2 cm，栽培的叶长可达 5 cm，宽达 3.8 cm，顶端圆或微凹，基部宽楔形，边缘有细齿，表面无毛，背面微有毛，三小叶着生于长柄顶端，故名“三叶草”；托叶椭圆形，顶端尖，抱茎。花序头状，有长总花梗，高出于叶；萼筒状，萼齿三角形，较萼筒短；花冠白色或淡红色。荚果倒卵状椭圆形，有种子3～4粒；种子细小，近圆形，黄褐色。

2. 生长习性

白三叶草喜温暖、向阳的环境和排水良好的粉沙壤土或黏土。适应性广，适应范围为海拔500～3600 m，pH值5.5～7，耐寒、耐热、耐霜、耐旱、耐践踏，不耐阴，是一种匍匐生长型的多年生牧草，喜温凉湿润气候，最适宜生长温度为16～25℃。对土壤要求不严，只要排水良好，各种土壤都可生长，尤以富含钙质和腐殖质土壤更佳。白三叶草根部具有较强的分蘖能力和再生能力，保持和豆科根瘤菌共生的特点。

3. 栽培管理

（1）地理分布：原产于欧洲，现广泛分布于温带或亚热带高海拔地区，东北、西南及长江流域地区广泛栽培。

（2）整地和种植：白三叶草种子细小，幼苗顶土力差，播种前需将土地整平耙细，以利于出苗。在土壤黏重、降水量多的地域种植，应开沟做畦以利于排水。

（3）播种期和播种量：以9～10月秋播为最佳，也可以在3～4月春播；每平方米用种量为10～15g，撒播或条播，条播行距30 cm。用等量沃土拌种后播种较好。播后保持土壤湿润，3～5天即可出苗，10天后全苗。

（4）施肥：施肥以磷、钾肥为主。出苗后植株矮小，叶色黄的可施少量氮肥，每亩施尿素10 kg，以促进壮苗。在3月追施一次复合肥，每亩30～40 kg开沟施入草的根部，然后浇水。明显增强长势，提高抗高温的能力，减少死草现象。

（5）田间管理：白三叶草苗期生长缓慢，易受杂草侵害，应勤除杂草。当草层高20～25 cm时，可适当刈割以增强通风透气。刈割后再生能力强，可迅速形成二茬草层。形成草层覆盖后的2～3年间要及时除去大杂草。如果因夏季高温干旱形成缺苗，可在秋季补播。白三叶草病害少，有时也有褐斑病、白粉病发生，可先刈割，再用波尔多液、石硫合剂或多菌灵等喷洒。白三叶草虫害较多，尤以蛴螬和蜗牛为害严重。对蛴螬选用的药剂为50%甲基异柳磷，每亩地用3 kg兑水3000 kg喷雾，可分别在4月中旬、7月下旬至8月上旬进行，喷药液后及时喷水，使药水湿透地面7～10 cm，蛴螬接触药土后死亡。对于蜗牛可用蜗克星颗粒剂在傍晚撒于草地上，效果非常好，杀灭率达90%以上。

（6）越冬：白三叶草在生长过程中，由于新老枝叶不断更新生长，地面会逐渐形成一层较厚的枯枝叶层，要打扫干净，对控制病虫害发生起到抑制作用。结合防冻施一遍有机肥料，为来年草的生长提供足够养分，还具有保温作用。寒冷冬季来临前，浇一次越冬水，渗透地面15～20 cm。这样通过冬肥、冻水，不但能改善土壤养分、水分状况，还能确保安全越冬，为来年幼草返青生长创造良好条件。

4. 实用价值

白三叶草是优质的豆科类牧草，是牛羊等草食家畜的好饲料，也可作为草坪、草地、园林中的观赏植物。白三叶草是非常有营养的食物，粗蛋白质含量高，并且数量丰富。

（五）苏丹草

苏丹草原产于非洲的苏丹高原，是目前世界各国栽培最普遍的一年生禾本科牧草。我国南方各地都有栽培，表现良好。

1. 特性

苏丹草为禾本科高粱属一年生草本植物，生育期120天左右。须根，根系发达。茎高可达2～3 m，茎粗随密度不同而变化，一般0.8～2 cm，分蘖能力强，主要从靠近地表的几个茎节上产生茎枝，数目因栽培条件和种植密度不同而异，一般20～30个，分蘖期可延续整个生长期。叶片宽，线形，长60 cm左右，宽约4 cm，每茎7～8片，叶色深绿，表面光滑。属喜温植物，不抗寒、怕霜冻。种子发芽适宜温度为20～30℃，最低温度8～10℃，幼苗时期对低温尤敏感，气温下降到2～3℃即受冻害，已成长的植株有一定的抗寒能力，苏丹草根系发达，抗旱力强，在年降雨量仅250 mm地区种植，仍可获得较高产量，但为了获得更多的青绿饲料，在生长旺季必须适当灌溉，尤其是抽穗到开花期生长最快，需水也最多，如严重缺水会影响产量，而雨水过多则易感染锈病。苏丹草对土壤要求不严，无论沙壤土、重黏土、微酸性土和盐碱土都可种植。但在过于瘠薄的土地上种植时，应注意合理施肥。

2. 栽培技术

栽培苏丹草的目的主要是利用其茎叶作饲料，故对播种期和利用期无严格限制，当表土10 cm处地温达12～14℃时即可播种。播种方法多采用条播，行距40～60 cm，播深4～6 cm，播种量每亩2 kg左右。播前土地宜深耕，施足有机肥，在分蘖期、拔节期以及刈割后应及时灌溉和追施速效氮肥。苏丹草对地力消耗较大，不宜连作。为了提高产量和牧草品质，可与豆科牧草混播。每年可刈割 2～3 次，亩产 4000 kg 左右。

3. 营养价值和利用方法

苏丹草营养价值较高，适口性好，各种牲畜都喜采食。抽穗期刈割，其干物质中粗蛋白质含量最高（15.3%），粗纤维含量最低（25.9%），从产量和品质考虑，于抽穗到盛花期刈割为宜。苏丹草茎叶产量高，较柔嫩，适于青饲，也可制作青贮饲料和晒制青干草。

（六）桂牧一号杂交象草

桂牧一号杂交象草是广西壮族自治区科技人员用矮象草为父本、狼尾草为母本进行有性杂交，经多年选育而成的一种新型牧草。属于多年生禾本科牧草，具有质地柔软、叶量大、适口性好、利用率高、产量高的特点。一年刈割 5 次左右，株高 2～3 m，每年亩产鲜草 8 t 左右。

1. 栽培技术

将田土打碎整平后，按穴行株距 70～90 cm 开土穴，穴深 7 cm 左右，每穴必须施底肥。底肥可用火土灰、猪粪和羊粪等家肥（需发酵），磷肥、复合肥等化肥，每穴用量复合肥为 80 g 左右，其他家肥适量。每穴栽种苗 1～2 根，在南方地区最佳移栽时间为每年 4 月中旬至 5 月底。

2. 田间管理

做好中耕除杂，特别是栽培初期，杂草生长速度快，要及时除杂。在高温干旱季节，要做好抗旱保水。在寒冷冬季，要做好留种越冬。留种越冬的方法有两种，一种是覆盖种蔸越冬法，即可采用稻草、薄膜、牛粪等覆盖；另一种是种茎半掩埋越冬法，即先挖一个深坑，再将种茎紧凑地竖直放入坑中，用泥土覆盖种茎的 3/4，最后用水浇湿浇透；小雪到来时在种茎顶端盖一块薄膜，保持坑里充足的氧气和通风良好。每次刈割后，用尿素或碳酸氢铵兑水逐蔸施肥，每亩用尿素 15 kg 左右，或碳铵 45 kg 左右。第一次刈青留茬高 4 cm，以后每次刈青，茬向上递增约 2 cm。

（七）东北羊草

东北羊草又名碱草，它是欧亚大陆草原区东部草甸草原及干旱草原上的重要建群种之一。我国东北部松嫩平原及内蒙古东部为其分布中心，在河北、山西、河南、陕西、宁夏、甘肃、青海、新疆等省（自治区）亦有分布。

1. 特性

东北羊草属多年生草本植物，具有发达的地下横走根茎，根茎穿透侵占能力很强，且能形成强大的根网，盘结固持土壤作用很大，是很好的水土保持植物。秆散生，直立，高 40～90 cm，具 4～5 节，叶鞘平滑，基部残留叶鞘呈纤维状，枯黄色；顶端具齿裂，纸质，叶片长 7～18 cm，宽 3～6 mm,扁平或内卷，上面及边缘粗糙，下面较平滑。穗状花序直立，长 7～15 cm，宽 10～15 mm，穗轴边缘具细小纤毛，节间长 6～10 mm，基部节间长可达 16 mm，小穗长 10～22 mm，含 5～10 朵花，通常 2 枚生于一节，上部或基部者通常单生，粉绿色，成熟时变黄，小穗轴节间平滑，长 1～1.5 mm,颖锥状，等于或短于第一花，不覆盖第一外稃的基部，质地较硬，具不明显的 3 脉，背面中下部平滑，上部粗糙，边缘微具纤毛；外稃披针形，具狭窄的膜质边缘，顶端渐尖或形成芒状小尖头，背部具不明显的 5 脉，基部平滑，第一外稃长 8～9 mm；内稃与外稃等长，先端常微 2 裂。花果期 6～8 月。东北羊草最适宜于我国东北、华北诸省（自治区）种植，在寒冷、干燥地区生长良好。春季返青早，秋季枯黄晚，能在较长时间内提供较多的青饲料。

2. 栽培技术

耕翻深度 20～25 cm，对种子进行稀土浸种、药物拌种和丸衣处理。播种期为 6 月上旬至 7 月上旬，每公顷播种 37～45 kg，天然草场补播每公顷 30 kg 左右。条播行距 15～30 cm，覆土 2～3 cm。

3. 田间管理

苗期需要防除杂草，有条件的需要进行灌溉和追肥，生长期注意防治病虫害，生长 5～6 年后要对草场进行松耙。播种 2 年后方可开始利用，每年刈割 2～3 次，但最后一次刈割应在停止生长前 30～40 天进行；留茬 8～10 cm，天然草场补播 2 年后可适度放牧。

4. 营养价值和利用方法

东北羊草叶量多、营养丰富、适口性好，各类家畜一年四季均喜食。花期前粗蛋白质含量一般占干物质的 11%以上，分蘖期高达 18.53%，且矿物质、胡萝卜素含量丰富。每千克干物质中含胡萝卜素 49.5～85.87 mg。羊草调制成干草后，粗蛋白质含量仍能保持在 10%左右，且气味芳香、适口性好、耐贮藏。羊草产量高，增产潜力大，在良好的管理条件下，一般每公顷产干草 3000～7500 kg，产种子 150～375 kg。东北羊草可放牧利用、青饲和青贮，但主要供调制干草用。

第四节　日粮配制

一、日粮配制原则

科学配制日粮是养羊生产的一个重要环节。不同山羊有不同的生理特点，对饲料中营养含量的需求不同，同一种山羊不同生长阶段对营养的需求也有所差别，因此山羊日粮配制要具体情况具体分析，运用科学方法，根据山羊的营养需要、饲料的营养价值、原料的现状及价格等条件合理地确定各种饲料原料的配合比例，以满足山羊在一定条件（生长阶段、生理状况、生产水平等）下对各种营养物质的需要。

（一）营养全面原则

在配制日粮时，必须以山羊的营养需要标准为基础，结合生产实践经验，对标准进行适当的调整，以保证日粮的全价性；同时，注意饲料的多样化，做到多种饲料合理搭配，以充分发挥各种饲料的营养互补作用，提高日粮中营养物质的利用效率。

（二）适口饱饲原则

饲料的适口性直接影响山羊的采食量。山羊对异味的饲料极为敏感，如氨化秸秆喂羊的适口性较差，羊不喜欢吃带有叶毛和蜡质的植物等。黑山羊的日粮应选择适口性好、无异味的饲料，以青饲料、干粗饲料、青贮饲料、精饲料及各种补充饲料等加以搭配使用，同时要考虑到日粮体积与羊消化道相适应，既要使配制的日粮有一定的体积，羊吃后具有饱感，又要保证日粮有适宜的养分浓度，使羊每天采食的饲料能满足所需的营养。

（三）经济实惠原则

经济实惠性即考虑合理的经济效益。饲料费用在黑山羊生产成本中占很大比重（约70%），在追求高质量的同时，往往成本也会增加。喂给高效饲料时，得考虑山羊的生产成本是否为最低或收益是否为最大。而黑山羊是反刍动物，在所有的家畜中，能利用的饲料资源最为丰富，对日粮中蛋白质的品质要求也不高，可大量使用青粗饲料，尤其是能利用农作物秸秆、杂草等粗饲料，尿素等非蛋白氮。因此，配制日粮时，应以青粗饲料为主，再补充精饲料等其他饲料，尽量做到因地制宜，选用当地来源广泛、营养丰富、价格低廉的饲料配制日粮，以降低生产成本，实现优质、高产、高效的目标。

（四）安全无毒原则

消费者对肉类食品的要求越来越高，希望能购买到安全的肉产品。因此，配制日粮时不能使用发霉变质的饲料原料、禁用药物和“瘦肉精”等对人身体健康有害的物质，不添加抗生素类药物性添加剂，确保饲料的安全、无毒、可靠。

二、日粮配制步骤

第一步：明确目标。

不同的目标对配方要求有所不同。随黑山羊养殖目标的不同，配方设计必须做相应的调整，只有明确了目标，才能实现各种层次的需求。

例：对一批体重 20 kg、营养状况良好、健康的黑山羊进行育肥，要求日增重 200 g，采用放牧与舍饲补料相结合的饲养方法，精饲料采用当地玉米、大豆粕等原料进行饲养，配制育肥日粮。

第二步：确定营养需要量。

由于黑山羊品种繁多，生产性能各异，加上环境条件、饲养方式的不同，因此在选择饲养标准时不应照搬，而应在参考标准的同时，根据当地的实际情况，进行必要的调整，确定所需配制日粮的营养需要量（表 3－1）。

表 3－1 黑山羊每天营养需要标准

体重（kg）	日增重（kg）	干物质采食量（kg）	消化能（MJ）	粗蛋白质（g）	钙（g）	总磷（g）	食用盐（g）
20	0.20	0.76	8.29	87	8.5	5.6	3.8

第三步：选择饲料原料。

根据本地的实际情况，就地取材，选用当地来源广泛、营养丰富、价格低廉的饲料原料，并确定其养分含量和山羊的利用率（表 3－2）。

表 3－2 所选原料营养成分

中国饲料号	饲料名称	干物质（%）	羊每千克干物质消化能（MJ）	粗蛋白质（%）	钙（%）	磷（%）
1-05-0644	草	92	9.56	7.3	0.22	0.14
4-07-0280	玉米	86	14.14	7.8	0.02	0.27
5-10-0102	大豆粕	89	14.31	47.9	0.34	0.65
6-14-0006	石粉	—	—	—	35.84	0.01
6-14-0003	磷酸氢钙	—	—	—	23.29	18

第四步：确定粗饲料的投喂量。

配制日粮时，首先要根据当地的粗饲料和黑山羊不同的生长阶段，假设粗饲料的每天投喂量，计算出粗饲料提供的营养量。一般成年山羊粗饲料干物质采食量占体重的1.5%～2.0%，精料与粗料比以50∶50为佳，生长羔羊精料与粗料比可增加到85∶15。

假设每只黑山羊饲喂草0.76 kg，则计算出草的消化能为：0.76×9.56=7.2656 MJ，与黑山羊需要量8.29 MJ相比，尚缺8.29－7.2656=1.0244 MJ，不足部分用玉米等原料来补充。

第五步：计算精料补充料的配方。

粗饲料不能满足的营养成分要由精料来补充。在计算精料补充料的配方时，根据消化能先查看能量，再查看粗蛋白质，最后查看钙、磷需求量。

玉米与羊草能量对比相差部分为：14.14－9.56=4.58 MJ/kg。

玉米需要量：1.0244 MJ÷4.58 MJ/kg=0.2237 kg。

则羊草用量为：0.76－0.2237=0.5363 kg。

羊草和玉米能提供的粗蛋白质与黑山羊需要量对比相差部分为：0.087 kg－（0.5363 kg×7.3%+0.2237 kg×7.8%）=0.0304 kg。

蛋白质不足部分由大豆粕补充，大豆粕与玉米粗蛋白质含量相差：47.9%－7.8%=40.1%。

日粮中大豆粕的需要量为：0.0304 kg÷40.1%=0.0758 kg。

已知在满足能量需要的前提下，日粮中精饲料的干物质量为0.2237 kg，那么在同时满足能量与蛋白质需要量的前提下，玉米的需要量为：0.2237－0.0758=0.1479 kg。

通过以上得知，日粮中应含羊草0.5363 kg，玉米0.1479 kg，大豆粕0.0758 kg。

3种饲料可提供的磷为：0.5363×0.14%+0.1479×0.27%+0.0758×0.65%=0.001643 kg=1.643 g。

与黑山羊需求量相比，尚缺磷为：5.6 g－1.643 g=3.957 g。

磷不足部分由磷酸氢钙补充：3.957÷18%=21.98 g。

4种饲料可提供的钙为：0.5363×0.22%+0.1479×0.02%+0.0758×0.34%+0.02198×23.29%=0.00659 kg=6.59 g。

与黑山羊需求量相比，尚缺钙为：8.5 g－6.59 g=1.91 g。

钙不足部分由石粉补充：19.1÷35.84%=5.33 g。

根据饲养标准，饲料干物质换算成实际用的风干饲料量。

羊草：0.5363 kg÷92%=0.5829 kg。

玉米：0.1479 kg÷86%=0.1720 kg。

大豆粕：0.0758 kg÷89%=0.0852 kg。

根据以上能量、粗蛋白质、矿物质等的需求量计算，初步拟定日粮中各饲料原料的配合比（表3-3）：

表3-3　初步拟定日粮配合比表

日粮组成	羊草	玉米	大豆粕	石粉	磷酸氢钙	食用盐	预混料
日粮配比（%）	66.58	19.64	9.73	0.60	2.51	0.44	0.5

第六步：日粮配方检查、调整与质量评定。

对配制的精料进行取样化验，将分析结果和预期值进行对比、评定、调整，如实际营养提供量与营养需要量之比在95%~105%范围，说明达到饲料配制的目的。另根据实践应用，检验日粮配方效果，再做全面推广使用（表3-4）。

表3-4　日粮配方与每天营养需要标准对比表

营养指标	标准值	营养水平	与标准的差值
消化能（MJ）	8.29	8.30	0.01
粗蛋白质（g）	87	86.99	-0.01
钙（g）	8.5	8.5	0
总磷（g）	5.6	5.6	0
食用盐（g）	3.8	3.8	0

三、日粮配制的注意事项

1. 注意灵活应用饲养标准。根据黑山羊不同的品种、生产阶段、性别、季节、饲养方式（如是否放牧、放牧时间长短）选用不同的营养水平，科学确定日粮配方的营养标准。

2. 在选用精料原料时要注意营养含量。日粮配方设计时一定要注意原料的养分含量的取值，尽量让原料的营养含量取值相对合理或接近，使配制的日粮既能满足黑山羊的生理需要，又能符合黑山羊产品质量标准，同时也不浪费饲料原料。

3. 注意日粮组成体积应与黑山羊消化道大小相适应。日粮组成的体积过大，不仅使消化道负担过重，而且影响饲料的消化吸收；体积过小，即使营养物质已满足需要，但黑山羊仍感饥饿，而处于不安状态，均不利于正常生长、生产。黑山羊每天饲喂量，由于其品种、年龄、体重、生产情况的不同差异很大，应分别掌握，做到营养平衡、消化率与体积适中，使所配日粮能达到预期效果。

4. 注意控制粗纤维的含量。黑山羊是反刍动物，在利用粗纤维上存在差别，根据黑山羊不同的生长阶段和不同生理需求，科学控制粗纤维在饲料中的含量。

5. 注意原料的适口性。黑山羊采食量的多少，主要受黑山羊的体重、性别和健康状态、环境温度和饲料品质与养分浓度等因素的影响。而对于健康羊群，饲料的适口性则是决定黑山羊采食量多少的主因。因此，在考虑饲料的营养价值、消化率、价格因素的基础上，要尽量选用适口性好的日粮原料，以保证所配日粮能使黑山羊足量采食。

6. 注意原料营养成分之间适宜配比。营养物质之间的相互关系，可以归纳为协同作用和拮抗作用两个方面。具有协同作用就能使饲料营养的利用率提高，改善饲料报酬，降低饲养成本。不合理的配比或具有拮抗作用，就会降低使用效果，甚至产生副作用。

7. 注意原料的可利用性。日粮配制应从经济、实用的原则出发，尽可能考虑选择当地常用的原料品种，利用当地便于采购的原料，实现有限资源的最佳分配和多种物质的互补作用。

8. 注意日粮的安全性和合法性。饲料安全问题不仅是一个经济问题，更是一个严肃的政治问题，是影响一个地区和国家经济发展、人们健康和社会稳定的大事。因此，在设计日粮配制时必须遵循《饲料和饲料添加剂管理条例》《兽药管理条例》《禁止在饲料和动物饮用水中使用的药物品种目录》等有关法律法规，决不违禁违规使用药物添加剂，不超量使用微量元素和有毒有害原料，正确使用允许使用的饲料原料和添加剂，确保饲料产品的安全性和合法性。

第四章　黑山羊饲养管理

第一节　黑山羊的生活习性

一、活泼好动喜攀登

活泼好动，爱打架玩耍，行动敏捷，喜登高是黑山羊的特点，尤其是湘东黑山羊更为突出，放牧时，善于游走不定，喜攀登陡峭岩石，在陡坡和悬崖上能够跳跃自如。根据这个特点，可以在羊舍内设立石制或木制的高台，以供黑山羊活动。

二、合群性强易训练

黑山羊喜欢群居及结伴野外采食，很少单独离群，如个体离群就会鸣叫不安，这便于放牧管理。黑山羊具有爱清洁的习性，喜欢吃干净的饲草，饮清凉卫生的水。在采食前，总是先嗅后吃，被污染的草料，宁饿也不吃。因此，放牧的牧场要定时更换，要有清洁的饮水。舍饲时，草料要置于草架上或草筐里，不宜放在地上，以免被污染。日常要加强管理，饲槽要勤扫，饮水要勤换。

三、抵抗疾病能力强

黑山羊是食百草的动物。因此，对疾病的抵抗力较强，不易发病，在发病初期其临床症状一般不易发现，一旦出现比较明显的症状时，病情多半很严重了。因此，在放牧过程中，要经常细致观察羊群中的细小变化，才能及时发现病羊，如个别羊只表现离群落后，可能是羊只有病，及早发现病情及时防治。一旦等到羊只停止采食或停止反刍时再进行治疗，疗效往往不容乐观，会给黑山羊生产造成损失。

四、采食性能广泛，饲料利用率高

黑山羊嘴尖、牙利、唇薄，采食饲草种类广。既能采食一般的草本科牧草丛的叶子，也能采食枝茎长有尖刺的灌木丛的叶子。喜啃食一些短小的草本科牧草而不喜采食宽大叶子的牧草。有些牛不吃的或带有微毒性，苦涩、枝硬的灌木丛及树叶也能津津有味地啃吃，而未见有中毒现象。

五、爱干燥，厌潮湿

黑山羊喜欢在干爽、凉爽的地区生活，潮湿、闷热和污秽的环境易使羊群患各种疾病，如羔羊泻痢、腐蹄、烂嘴等。因此，建造羊舍时，应选择在地势高燥的土坡上，且背风向南、通风良好、排水畅通。羊舍要设有栖架，不宜让羊栖息于地板上。每天出牧的时间不宜太早，应待太阳出来后，牧地水雾散去后才能放牧。如逢雨天，应在舍内割草饲养，以免引起各种疾病。

六、早熟多胎繁殖快

黑山羊性成熟较早，一般在 1 岁以前即可生产第一胎（第一胎多为单羔），而且一年能产 2 胎。母羊出生后 7～8 月龄便可配种开产。如饲养管理好并配羔羊补料提早断奶，及早催情配种，可达到 2 年产 4.5～5 胎，2～3岁的经产母羊每胎可产羔 1～3 只，平均 1.5 只，一年内生产 2 胎共产羔 3 只。3～5 岁的母羊进入繁殖高峰，每胎多生产 2 羔。

第二节　繁殖母羊的饲养管理

根据母羊的生理阶段，可分为空怀期、妊娠期和泌乳期 3 个阶段。种母羊是扩展羊群的基础，饲养种母羊的主要任务是促进正常发情、排卵、泌乳，提高繁殖率。因此，每个阶段的母羊应根据配种、妊娠、泌乳等不同的生产环节给予合理的饲养，使母羊能够正常发情配种和繁殖。

一、空怀期母羊的饲养管理

哺乳母羊断奶后，体质较差，必须加强饲养管理，充分放牧，使之迅速恢复体况，促进正常发情、排卵和受孕。空怀期母羊配种前可实行短期优饲：即配种前 10～15 天，母羊日补精料 0.2 kg，补充适量的胡萝卜或维生素含量高的青绿饲料，这样便于母羊发情排卵和受精卵的着床，使之产羔集中，多产羔。

二、妊娠期母羊的饲养管理

1. 怀孕1个月左右，是保证胎儿正常生长发育的关键时期。此时胎儿尚小，母羊所需的营养物质虽要求不高，但必须相对全面。特别在秋后、冬季和早春，牧地草质枯萎粗老，受饲草中营养物质的局限性，养殖户应根据母羊的营养状况适当地添补精料。

2. 怀孕2个月后，随着怀孕月龄的增加，胎儿发育逐渐加快，应逐渐增加补喂精料的饲喂量，每天可给孕羊补喂2～3次，每次每只羊喂给混合精料50～100 g，青年母羊还可适当地增加精料。

3. 怀孕3个月后，孕羊饲喂饲草的总容积要适当地加以控制，补饲应做到少喂勤添，以防一次性喂量过多压迫胎儿而影响胎儿正常生长发育。

4. 怀孕4个月以后，胎儿体重已达到了羔羊出生时体重的60%～70%，同时母羊还要贮积一定量的营养物质以备产后哺乳。一般在怀孕4个月以后进行集中补料，精料的饲喂量应增加到怀孕前期的两倍左右，而饲喂的饲草和补喂的精料力求新鲜、多样化，幼嫩的青绿多汁饲料则可多喂。禁止喂给未经去毒处理的棉籽饼或菜籽饼、马铃薯、酒糟，禁喂霉烂变质、过冷或过热、酸性过重或掺有麦角、毒草（如闹羊花、无刺含羞草等）的饲料，以免引起母羊流产、难产和发生产后疾病。

5. 产前1个月左右，适当控制粗料的饲喂量，尽可能喂些质地柔软的饲料，以利于通肠便。

6. 分娩前10天左右，根据母羊的食欲、消化状况，减少饲料的喂量。

7. 产前2～3天，对于体质好的母羊，从原日粮中减少1/3～1/2的饲料喂量，以防母羊分娩初期乳量过多或乳汁过浓而引起母羊乳房炎、回乳和羔羊消化不良而下痢；对于比较瘦弱的母羊，产前1周内乳房干瘪，除减少粗料喂量外，还应适当增加豆饼、豆渣等富含蛋白质的催乳饲料，以及青绿多汁的轻泻性饲料，以防母羊产后缺奶。

三、泌乳期母羊的饲养管理

这一阶段的主要任务是供给羔羊充足的乳汁，饲养上必须根据母羊的泌乳规律和产后的生理情况进行饲养管理。母羊产后的最初几天，必须加强护理，饲养以舍饲为主，以优质嫩草、干草作为主要饲料，每天给3～4

次清洁饮水，并在饮水中加少量的食盐、麸皮，或喂给米汤、米潲水，让其自由饮用。母羊乳汁充足，可不补或少补精料，不足时可给母羊补饲青绿多汁饲料和适量精料。母羊产后 15～20 天，根据母羊乳汁量的情况可适当增加补饲。一般每天可补饲精料 0.3～0.5 kg，并尽量喂给优质青绿饲料，以刺激泌乳功能的充分发挥。在管理上要注意保持栏舍的干燥、清洁，并做到定期清粪、消毒；不要到灌丛、荆棘中放牧，以免刺伤母羊乳房。

第三节　种公羊的饲养管理

种公羊在羊群中所占比例虽小，但种公羊的质量却决定着整个羊群的质量和生产能力。俗话说："母羊好，好一窝；种公羊好，好一坡。"可见种公羊的好坏对后代的影响之大，在饲养管理上切不可粗心大意，必须要求精细，要求种公羊常年保持结实健壮的体质、充沛的精力，才能在配种期有旺盛的性欲和良好的精液品质，过肥过瘦都不利于种公羊的利用。目前，大多数养殖场（户）对黑山羊的配种主要依靠自然交配或人工授精，无论是自然交配，还是人工授精都要特别注重种公羊的饲养管理问题。品质优良的种公羊，饲养管理跟不上也不能发挥其优良的种用价值。

一、种公羊的日粮特点

种公羊日粮的要求是营养丰富全面，必须含有足量优质的蛋白质、维生素和矿物质，且品质好、易消化、适口性好。理想的精饲料有玉米、燕麦、大麦、麸皮、豌豆、黑豆、高粱、豆饼、麦麸等；鲜干草有苜蓿草、三叶草、山芋藤、花生秸、青燕麦等；多汁饲料有胡萝卜、南瓜、饲用甜菜或青贮玉米等。动物性蛋白对种公羊也很重要，在配种或采精频率较高时，要补饲生鸡蛋、牛奶、鱼粉、血粉等。霉烂变质的饲料坚决不能饲喂种公羊。优质的禾本科和豆科混合干草为种公羊的主要饲料，应常年饲喂。夏季适量补喂青割草，冬季适量补喂青贮料。日粮营养不足时，适量补喂混合精料。精料中不可多用玉米、大麦、麸皮、豌豆、大豆或饼渣类补充蛋白质。配种任务繁重的优秀种公羊可适量补喂动物性蛋白饲料。

二、非配种期饲养

为完成配种任务，非配种期主要是加强饲养和运动，有条件时要进行放牧，为配种期奠定基础。非配种期种公羊饲养以放牧和舍饲相结合为主。羊舍应选择通风、干燥、向阳的地方，一只种公羊约需圈舍面积 4～6 m^2，并要有较宽阔的运动场。种公羊应单独放牧或舍饲，不能与母羊混养，否则会影响种公羊的繁殖性能。在非配种期，除放牧外，冬季（越冬期）每日补给混合精料 0.5 kg，优质干草 3 kg，胡萝卜 0.5 kg，食盐 5～10 g，骨粉 5 g。夏季以放牧为主，适当补加精料，每天喂 3～4 次，饮水 1～2次。注意事项：刚采食过豆科牧草、豆料的种公羊不能立即饮水，以免引起瘤胃膨胀。

三、配种预备期饲养

在配种前 1～1.5 个月，应当逐渐调整日粮，增加精料的比例，按配种期喂量的 60%～70%给予，并逐渐增加到配种期的精料喂量，同时在配种预备期开始采精训练，检查种公羊的精液品质。开始一周采精 1 次，以后逐渐增加到一周采精 2 次，然后两天采精 1 次，到配种时每天可采精 1～2 次，不要连续采精。检查种公羊的精液品质，以确定其利用价值。对精液稀薄的种公羊，应增加日粮中蛋白质的比例，可添加部分鱼粉、血粉等动物性蛋白饲料，以保持良好的精液品质。

四、配种（采精）期饲养

配种期的种公羊神经处于兴奋状态，经常心神不宁，不安心采食，这个时期的管理要特别精心，要起早睡晚，少给勤添，多次饲喂。饲料品质要好，必要时可补给一些鱼粉、鸡蛋、牛奶，以补配种时期大量的营养消耗。配种期若蛋白质数量不足，品质不良，会影响种公羊性能、精液品质和受胎率。配种期日粮大致定额为混合精料 1.2～1.4 kg，苜蓿干草或野干草 2 kg，胡萝卜 0.5～1.5 kg，食盐 12～20 g，骨粉 5～10 g，血粉或鱼粉 5 g。每天分 2～3 次喂给草料，饮水充足。每天精料喂量应当根据种公羊的体重、体况和精液品质适量增减。配种（采精）期间，每天运动或放牧时间至少在 6 小时以上。舍饲的种公羊，除运动场自由运动外，须保证运动道上人工驱赶运动，一天驱赶运动量不少于 2 小时（早晚各 1 小时）。当种公羊精子活力较差、放牧的运动量不足，应每天早上定时、定距、定速加强种公羊的运动 1～2 次。种公羊与母羊应当分开饲养，否则母羊一叫，种公羊就站在栏舍门口或趴在墙上，东张西望影响采食，使种公羊性欲不旺盛或减退。种公羊配种（采精）要适度，1 只种公羊可承担 30～50 只母羊的配种任务。采精次数多时，其间要有休息时间，种公羊在采精前不宜吃得过饱。种公羊的采精次数要根据种羊的年龄、体况和种用价值来确定。成年种公羊每天可采精3～4次，有时可采精5～6次，每次采精应有2小时以上的间隔，使种公羊有休息时间。1.5岁的种公羊1天内采精不得超过2次，且不要连续采精。采精过于频繁时，一只种公羊每天增加鸡蛋1～2枚，并保证种公羊一周有1～2天的休息时间，以免因过度消耗养分和体力造成体况明显下降。夏天高温、潮湿，对精液品质会产生不良影响，这个时期应选择在凉爽的高地放牧，在通风良好的阴凉处歇宿。

种公羊的饲养管理人员要相对固定，种公羊圈舍应选择在通风、向阳、干燥的地方。要宽敞坚固耐用，保持干燥、清洁，定期进行消毒；要尽可能防止种公羊相互斗殴；要定期进行小反刍兽疫、口蹄疫、羊快疫等相关疫苗的免疫工作；要定期做好山羊体内、体外寄生虫病的驱虫工作；要认真观察种公羊的精神、食欲等。

五、配种后复壮期饲养

配种后复壮期管理意义在于恢复种公羊体力，增膘复壮。此期开始混合精料，给量不减，可逐渐减少运动，增加放牧时间，经过一段时间的适应，再适量减少混合精料，逐渐减少到非配种期的饲养水平，不能变换太快。

第四节 育肥羊的饲养管理

一、羊只的选择

优先选择初生体重大，生长发育良好，外貌好，体躯长，后躯方正，四肢及头部端正的羊作育肥羊。

二、育肥前的准备

育肥的目的，是为了缩短饲养周期，以最小的投入获得最高的日增重，同时改善羊肉的品质，从而提高经济效益。

黑山羊在育肥前应做好以下准备工作：

1. 准备投入育肥的羊，事先应经过健康检查，无病的才能进行育肥。

2. 育肥羊应分类组群。根据羊的年龄、体重、性别、品种以及对饲料采食、消化、吸收和转化能力的不同进行分类组群。

3. 育肥羊在投入育肥前，应进行驱虫、防疫，以确保育肥工作顺利进行。

4. 大公羊在育肥前应去势。6月龄以上的本地公羊也应去势。但10月龄以内的杂交羔羊不必去势。

5. 育肥前应进行称重，以便结束时检查育肥效果。

6. 饲料的贮备。饲料的贮备是育肥的物质基础，特别是舍饲育肥。饲料的贮备包括精料的贮备和粗饲料的贮备。一般按每只羊每天粗饲料3～5 kg，精料0.25～0.3 kg，食盐10 g贮备。

三、育肥的方法

黑山羊育肥的方法有三种，放牧育肥、舍饲育肥和混合育肥。采用什么方法育肥合适，要依季节、品种以及市场需求来决定育肥方法。

1. 放牧育肥。放牧育肥只能在青草期进行，必须有优良的草场。对黑山羊的放牧育肥主要是在仲晚秋及初冬季节进行，此时牧草抽穗结籽，营养丰富，适口性好，羊采食充分，吃进去的牧草能满足羊育肥的需要。如果草场不好则不可能完全依靠放牧来育肥羊。放牧育肥的优点是成本低，经济效益高。

2. 舍饲育肥。舍饲育肥是指充分利用粮食、农副产品等饲料，参照饲养标准和根据饲料营养成分含量配制黑山羊的饲喂日粮，并完全在舍内饲养的一种育肥方式。采取舍饲育肥，可按市场需求实现规模化、集约化养羊，对房舍的设备和劳动力利用合理，劳动生产效率高。更重要的是能缩短饲养周期，节约大量的维持消耗。另外，舍饲育肥，按饲养标准饲养，营养丰富平衡，使羊的质量提高。

舍饲育肥期的长短因羊只的年龄而异。成年羊的舍饲育肥一般于宰前60～90天进行短期育肥，故称为短期快速育肥。羔羊的舍饲育肥因市场需求不同而变化。肥羔生产则要求在出生后的4～6月龄，体重达到35～40 kg。育肥的时间为断奶后3～4个月。羔羊生产则要求在出生后的8～10月龄，体重达到35～40 kg。即做到当年产羔当年出栏，育肥时间一般为6～8个月。

3. 混合育肥。混合育肥又称放牧加补饲育肥。这是湘东黑山羊目前普遍采取的育肥方法。即采用白天放牧，夜间补饲精料的育肥方法。黑山羊饲养中采用白天放牧，夜间适量补饲玉米、稻谷、红菇或营养舔砖等。

第五节　羔羊的饲养管理

从出生至断奶，这个阶段的羊，称为羔羊。羔羊时期是羊一生中生长发育最旺盛的时期，此时羔羊各器官尚未发育成熟，体质较弱，对外界的适应能力差，且营养从奶汁到饲草的过程变化很大，羔羊的发育又与以后的成年羊体重、生产性能密切相关。因此，必须高度重视羔羊的饲养管理工作，把好羔羊培育关，提高成活率，减少发病率，提高整齐度，降低淘汰率，提高羔羊断奶标准达标率。

一、羔羊生理特点

羔羊出生后，前胃只有真胃的57%，0～21日龄的羔羊瘤胃、网胃、瓣胃的发育都不完善，耐粗饲能力差。羔羊所吃的母乳经食管和瓣胃直接进入真胃消化，但真胃和小肠消化液中缺乏淀粉酶，对淀粉类物质的消化能力差，当食入过多淀粉后，容易出现羔羊腹泻。到21日龄后，瘤胃内微生物区系逐渐形成，瘤胃中黏膜乳头状突起逐渐发育，开始出现反刍活动，随日龄和采食量的增长，消化酶分泌量也逐渐增加，对各种粗饲料的消化能力也逐步增强。如果对羔羊适度补饲高质量的青绿饲料，有利于促进羔羊消化器官的生长发育和心肺功能健全。

二、新生羔羊的护理

对新生羔羊的护理应做好以下几个方面的工作：

（一）迅速抠出口、鼻、耳内的黏液

羔羊产出后，迅速将羔羊口、鼻、耳内的黏液抠出，让母羊舔净羔羊身上的黏液，避免羔羊误吞，引起羔羊窒息或异物性肺炎。

（二）脐带处理

羔羊产出后，羔羊脐带留3～4 cm，剩余部分剪去，用5%碘酒涂擦脐带断端或浸泡消毒，防止细菌侵入。脐带无需结扎或包扎，只要不感染，脐带断端会自动封闭，以防止出血。处理脐带的目的是及早干燥断端，避免细菌侵入，结扎和包扎都会影响液体渗出和蒸发。

（三）假死羔羊处理

羔羊产出后，观察呼吸是否正常，如果不呼吸，但发育正常，心脏仍跳动，称为假死。主要原因是吸入羊水或分娩时间过长，子宫内缺氧等。

遇到这种情况，可将假死羔羊后肢提起，使羔羊悬空头向下，轻拍背部或胸壁。或者进行人工呼吸，将假死羔羊仰卧，前后伸展前肢，同时用手掌轻压两肋和胸部。

（四）羔羊的保温

在寒冷地区或放牧地区出生的羔羊，特别要注意给羔羊保暖，防止羔羊受冻害，迅速擦干羔羊身体，用接羔袋背回接羔室放入母子栏内。

（五）尽快帮助羔羊吃上初乳

初乳为母羊分娩1～3天内分泌的乳汁，含有丰富的蛋白质、维生素、矿物质和免疫球蛋白等营养物质，其中镁盐有促进新生羔羊胎粪排出的作用。初乳中含有多种抗体，而羔羊本身尚不能产生抗体，初乳作为羔羊获取抗体的唯一来源，对羔羊的发育及增强抵抗力极为重要。因此，羔羊出生后要让其尽早吃到初乳，是提高羔羊抵抗力和成活率的关键措施之一。最好在羔羊产出后30分钟内吃到初乳，如出现母羊产后无奶或母羊产后死亡等情况，羔羊吃不到自己母羊的初乳，也要让它吃到其他母羊的初乳，否则成活率很低。

（六）保姆羊选择

母羊产后无奶、母羊产后死亡或者一胎多羔而奶水不足时，应找保姆羊代哺。新生羔羊用保姆羊代哺比人工哺乳省时省事，而且羔羊成活率高，哺乳成本低。一般选择奶量好、死了羔或产单羔的母羊作为保姆羊。开始时人要帮助羔羊认奶，保姆羊认仔，可把保姆羊的乳汁或尿液涂抹到羔羊头部和后躯，混淆保姆羊的嗅觉，避免保姆羊拒绝羔羊吃奶，经过几次之后保姆羊就能认仔哺乳了。

（七）人工哺乳

当找不到保姆羊时，我们应采取人工哺乳。开始每隔6小时哺乳1次，30日龄后可以每隔8小时哺乳1次。人工哺乳可通过奶瓶、盆饮、哺乳器等哺乳工具来进行，哺乳工具要保持干净卫生，每次用完要用开水冲洗，使用前也要冲洗。

1. 奶瓶法。将鲜奶加热到40～42℃（该温度接近或高于母羊体温），装入已经消毒的奶瓶，逗引羔羊吸吮。这种方法简单、卫生，还可控制奶量，特别适宜于弱羔。但此方法费工费时，不利于在大群中使用。

2. 盆饮法。将鲜奶加热到40～42℃（该温度接近或高于母羊体温），装入已经消毒的盆中，训练羔羊自饮。此方法简便易行，省工省力，适宜于大群羔羊一起哺乳，但羔羊吃得快时，容易发生食管沟反射不全或呛奶的现象。

3. 哺乳器法。将鲜奶加热到40～42℃（该温度接近或高于母羊体温），装入已经消毒的哺乳器，哺乳器吊挂于离地面50 cm高处，让羔羊抬头就能吸吮到乳头，任其自由采食。

第六节　黑山羊的基本管理

一、放牧管理

（一）合理组织羊群

通常可根据性别、年龄和生产性能高低对羊只分别组群（如分为种公羊群、繁殖母羊群、后备羊群，育成羊按性别组群），当羯羊数量较少时，可编入母羊群放牧，数量多时，则单独组群。黑山羊的组群数量以30～50只为宜，过大不利于放牧管理。

（二）放牧要点及注意事项

1. 放牧时间：要根据不同地区的气候条件和牧草生长发育的季节性变化，合理确定出牧时间、放牧时长。冬、春季节，要尽可能延长白天放牧的时间，避开早晚气温过低的时段，防止羊只采食霜冻的草料；夏季气温较高时，要利用早晚比较凉爽的时间放牧，中午将羊群赶回羊舍或寻找有荫蔽的地方休息，减少正午时太阳对羊只的直接照射，避免羊群扎堆拥挤和中暑。

2. 放牧方法：大群放牧，通常采取满天星或一条线的放牧形式；小群放牧，通常采用分牧或者轮流放牧的形式。

二、羊只编号

在羊的大群生产和育种工作中，为了规范管理、提高管理水平和效率，必须对羊只进行编号。给黑山羊编号大多采用耳标法或者耳缺法。

1. 耳标法：采用塑料耳标或者金属耳标，按事先制订的编号规则，将耳号书写或打印在耳标上，用耳号钳将耳标置于羊的耳部。

编号规则：为了便于计算机管理，耳号编制可采用8字节，记录的信息包括场号、年度号、个体号，另外还可加入杂交、横交等标识。

例如："XC017018"表示湘川黑山羊原种场2017年的第18号母羊，同时我们还以首位数为奇数的代表公羔，偶数代表母羔。既清晰易懂，又简洁丰富。

2. 耳缺法：直接用耳号钳在羊耳的不同部位打上缺口，来进行编号的方法。规则："左大右小，上大下小，上三下一"，耳尖的缺口一般用于表示百位数或者表示等级。

三、体尺测量

鉴别羊的生长发育速度和生产性能高低，往往要根据羊身体各部位的体尺来判断，测量项目的多少视测量的目的而定。一般体尺测量项目有体高、体长、胸围和管围四项。测量的部位和方法如下：

（1）额宽：两眼外突起间的直线距离。

（2）体高：由鬐甲最高点到地面的垂直距离。

（3）体斜长：由肩胛骨到坐骨结节后端的直线距离。

（4）胸宽：左右肩胛骨后端，左右肋骨间的宽度。

（5）胸深：由鬐甲最高点到胸骨底面的距离。

（6）胸围：在肩胛骨后缘3～4指处，绕胸一周的长度。

（7）管围：管骨上1/3处的周长。

（8）腰角宽（髋关节宽）：两髋骨突间的直线距离。

测量时所用的工具有测杖、卷尺和圆形测量器等。体尺测量时要让羊站立在平坦的场地，姿势要端正。测量胸围、管围时，卷尺要不松不紧，以求测量数据准确。

第七节　黑山羊安全越冬的主要措施

一、夏、秋贮膘

入冬以前，在牧草旺盛的夏、秋季节，必须充分放牧，尽一切力量满足营养，抓好羊膘，为黑山羊越冬贮备丰富的体脂和能量。

二、贮备足够的草料

黑山羊在越冬前，要根据枯草季节的长短，贮备好足够的越冬饲料。如晒制青干草，收存干红薯藤、花生苗、豆秆、玉米秸秆、树叶、稻草、麦秆、油菜秸秆等。制作青贮饲料或氨化饲料，并准备越冬的精饲料。

三、选优去劣，合理分群

越冬前，对于已达到出栏要求的商品肉羊，应全部出栏，并淘汰失去饲养价值的种羊和瘦弱的羊只。将优良的黑山羊个体逐只选留下来，组成优秀的越冬羊群，减轻黑山羊越冬饲养的负担。

四、驱虫和补饲

经过整顿后的羊群，应在越冬前用高效广谱驱虫药——双威片剂对全群羊只进行彻底驱虫。在尽可能保持放牧的基础上，按年龄、体重、性别、强弱等进行分群，妊娠母羊按怀孕期长短分群，进行合理补饲。对弱小羊、怀孕后期羊和哺乳羊要重点补饲。

五、防寒保暖

入冬后搞好羊群的防寒保暖工作，是使羊只安全越冬、保膘保胎（羔）的重要措施之一。羊圈要背风向阳，避免西北风（尤其是贼风）的侵袭。要维修好围墙或围栏。圈内保持干净、干燥，刨起的粪堆在圈内的北侧和西北侧，可起到防寒增温的作用。母羊产羔前，应单独移入产羔室护理。有条件的可将产羔母羊和羔羊放在温暖的室内饲养，以保母子安全过冬。

第五章　黑山羊常见疾病的防治

第一节　病羊的识别

病羊的临床检查方法包括群体检查和个体检查，基本诊断方法包括问、视、触、叩、听诊五种，是靠检查者的感觉器官进行检查的基本方法。

一、群体检查

主要从动态、静态、食态三方面进行观察。

1. 动态：主要在羊群运动时进行观察。病态羊常表现离群掉队、步态踉跄、不愿行走、跛行或后躯僵硬等。

2. 静态：主要在羊群站立或卧下姿态时进行观察。健康羊在饱饲后卧地休息时，反刍、嗳气正常。病态羊表现精神萎靡，离群独卧，鼻镜干燥，不反刍，打颤，流出浓性鼻涕，喘气、呼吸困难；被毛粗糙，成块脱落，有的在墙角或木桩上擦痒，有的无毛部位出现痂皮、疹块等。

3. 食态：主要在羊群采食时进行观察。健康羊食欲旺盛，互相争食，吃饱后肷部鼓起，粪便呈小球状。病态羊表现为食欲不好，停食或少食，不饮水或少饮水，肷部凹下，拉稀粪，粪带恶臭气，呈深绿色或黑色，有的病羊出现鼓气现象。

二、个体检查

通过群体检查，发现羊只有可疑情况时，应个别仔细检查以下内容：

1. 精神状态：主要通过观察其耳的活动、眼的表情及各种反应来判定。健康羊精神饱满，两眼有神，行动敏捷；病羊精神迟钝，喜躺卧、垂头、流泪、羞明。

2. 皮毛情况：健康羊的被毛光亮，皮肤有弹性；病羊的被毛粗乱，皮肤干燥，弹性消失。

3. 粪尿情况：健康羊的粪便呈椭圆形、较软，颜色黑亮；病羊的粪便干结无光泽，或者粪稀，常混有黏液、脓血、虫卵，发臭，粪便沾污羊只臀区和尾部等。

4. 可视黏膜：健康羊的黏膜为淡红色，鼻孔周围干净；病羊的黏膜潮红，或者苍白，或者发黄，或者发绀，鼻孔周围有鼻液，口鼻发臭，眼有眼屎。

5. 采食、反刍和嗳气：健康羊一般采食30～60分钟后，即出现反刍，24小时内反刍4～8次，每小时嗳气10～12次，用手掌按压左侧肷部进行触诊，健康羊的瘤胃发软而有弹性；如采食、嗳气、反刍减少或停止都是病态的表现。

6. 体温：健康羊的体温为38～40℃；可用体温计插入肛门进行测定。如果没有体温计，可用手触摸羊的耳朵、躯干或后肢的内侧，通过皮肤的温度来检查羊只是否发热。

7. 脉搏和心跳：健康羊的脉搏为每分钟60～80次，跳动均匀，心音清晰，听诊心音部位在胸侧壁（肘后方）前数第三至第六肋骨之间。

8. 呼吸情况：健康羊为胸腹式呼吸，每分钟呼吸12～30次；用耳朵贴在羊的胸部，可听到“呋呋”的正常呼吸声，如果肺部听到“呋噜呋噜”声或捻发音，则表明呼吸系统有病。

第二节　病羊防治基本技术

一、山羊保定

在给羊只体检、灌药时，需进行适当保定。保定的方法主要有站立保定和侧卧保定。

站立保定适用于临床检查、治疗和注射疫苗等。操作方法：两手握住羊的两耳或两角，骑跨羊身，以大腿内侧夹持羊两侧胸壁即可保定。

侧卧保定适用于治疗、简单手术和注射疫苗。操作方法：俯身从对侧一只手抓住两前肢系部或抓一前肢臂部，另一只手抓住腹肋部膝前皱襞处扳倒羊体；然后，改抓两后肢系部，前后一起按住。

二、山羊给药

在防治羊病的过程中，给药方法有多种，我们要根据羊的发病情况、药物性质、病羊大小和体质情况等选择恰当的给药方法。

（一）口服法

口服法是将少量的药物，或将粉剂和粉碎的片剂、丸剂加适量水制成混悬液，装入橡皮瓶或长颈玻璃瓶中，抬高羊的嘴巴给羊灌服。给药者右手拿药瓶，左手用食指和中指从羊只右口角伸入口内，轻轻压迫羊的舌头，迫使羊将口张开。右手将药瓶口从左侧口角伸入羊口中，当瓶口到达病羊舌头中段时，立即抬高瓶底将药送入。对于容易打呛的药可以一口一口地灌服，待羊只咽下后再灌。如果羊只发生鸣叫或打呛时应暂停灌服，等到羊只安静时再灌服。羔羊可以采用 10 mL 注射器（不要针头）吸入药物直接注入口咽部，使羊只吞咽内服。

（二）注射法

注射法是给病羊用药最常用的方法，分皮内注射、皮下注射、肌内注射和静脉注射等。

1. 皮内注射。皮内注射多用于羊痘的预防接种，接种部位一般在尾内面或股内侧。如果采取尾内面注射法，部位选在尾下正中，用左手向上拉紧尾部，使注射部位皮肤绷紧，右手用注射器将针头刺入真皮内把药液注入，使注射部位局部形成豌豆大的水疱样隆起，然后拔出针头。

2. 皮下注射。选择皮肤疏松的部位，如颈部两侧或后肢股内侧，一只手提起注射部位的皮肤，另一只手持已吸好药液的注射器，以 40°角刺入皮肤下方，回抽针芯不回血即可注入药物。如果药液较多可分点注射。通常皮下注射的多是易于溶解和刺激性小的药物。

3. 肌内注射。在羊的颈部上三分之一处（肩胛前缘部分）用碘酒局部消毒，左手拇指和食指呈“八”字形压住肌肉再推药液，注射完毕拔出针头，针孔用碘酒消毒。对于衰瘦羊应斜向刺入，以防伤到骨骼。

4. 静脉注射。静脉注射是把血液、药液、营养液等液体物质直接注射静脉中。连续性的静脉注射则以静脉滴注实施，也叫“点滴”，刺激性较大，如九一四、氯化钙等不适合皮下和肌内注射的药物多采用静脉注射。输液时速度不能过快，天冷时药液温度低时应加温后进行注射。可根据注射用量选择 50～100 mL 的注射器。

（三）胃灌服法

此法适用于一些容易引起打呛的药物，如醋、中药冲剂等药物的灌服。方法是在胃管前端涂抹少量液体，胃管可从羊的鼻孔插入或外套15 cm长的钢管从口中插入，插时若羊反抗剧烈、咳嗽，应拔出重插。插入后用拇指和食指捏压气管后部，应能捏到胶管的存在，必要时可配合拉送胶管确定胶管是否已插入食管。在未确定胶管已经插入食管前不可放入药液，否则容易导致异物性肺炎发生。此法也适用于羊瘤胃鼓气时放气。

（四）灌肠注药法

灌肠注药法是向直肠内注入药液，该方法常在羊患直肠炎、大肠炎和便秘时使用。方法是让羊站立保定，在橡皮管前端涂抹凡士林或肥皂液后插入直肠内。把橡皮管的盛药部分提高到超过羊的背部，使药液注入肠腔内。药液注完后拔出橡皮管，用手压住肛门，以防药液流出。注液量一般为100～200 mL。也可采用人工授精保定法注入药液，即由助手将羊头夹在两腿之间，捉举羊的两后肢，使其头部朝下，然后进行直肠注药。数分钟后再放下后肢，任其自由排出灌肠液体。

（五）瘤胃穿刺注药法

瘤胃穿刺注入药液，常用于瘤胃鼓气放气后，为了防止胃内容物继续发酵产气，可以注入止酵剂及治疗药液。有些药液（如四氯化碳、驱虫剂）的刺激性较强，经口入消化道反应强烈，可以采用瘤胃穿刺法。穿刺部位是在左肷窝中央鼓气最高的部位。穿刺时先将周围的毛剪光，用碘酒涂抹消毒，将皮肤上移，然后将普通针头垂直或者朝右侧肘头方向刺入皮肤及瘤胃内，瞬间气体即可排出。如果胃部臌胀严重，应间断放气，气体放完后再注入相应的药物。如果为泡沫性气体，应先注入适量消沫剂才能放出气体。

（六）腹腔穿刺注药法

腹腔的容积较大，很多药液可以通过腹膜的吸收作用达到治疗疾病的目的。该方法通常用于补充体液和营养物质，以及通过腹腔透析治疗某些内脏疾病。穿刺部位为左右肋部。方法是先剪毛、消毒，取长针头刺入腹腔，针头刺进后能左右活动，再接上带药的注射器或输液器，徐徐将药液注入即可。如果用大量液体进行透析治疗时，应待药物在腹腔内停留30～60分钟后，于腹下部脐前5～10 cm处，用长针头穿刺腹腔壁并进入腹腔，排出多余的积液。

三、山羊驱虫

（一）驱虫时间

养羊场每年春、秋两季至少应进行两次体内、体外寄生虫驱除。一般可安排在每年秋末进入舍饲后（12 月至翌年 1 月）和春季放牧前（3～4 月）各一次。但因地区不同，选择驱虫时间和次数可依具体情况而定，放牧地为湖洲、堤坝或低洼地带较多的草场，环境容易滋生寄生虫，因此宜在夏季 5～6 月增加一次驱虫。羊舍内外要经常打扫，并用漂白粉、百毒杀等定期消毒。同时由于成年羊是很多寄生虫的散播者，最好将成年羊与幼羊分群饲养管理。

（二）驱除体内寄生虫

常用驱虫药物可选用伊维菌素（按体重 0.2 mg/kg 剂量注射）、左旋咪唑等广谱驱虫药。在药物的选择与剂量的使用方面，应结合羊只表现症状与体重，根据药物说明或兽医要求严格执行，不能随意用药或增加剂量。由于部分寄生虫的幼虫不易杀灭干净，所以建议对于首次驱虫成功的羊只，按照相同剂量间隔 10 天左右再次进行驱虫，以便杀死前期未发育的幼虫。

（三）驱除体表寄生虫

驱除体表寄生虫的最佳方法是药浴。常用的药浴驱虫药物有 1%敌百虫和 0.5%双甲脒，药浴时应该保持药液的温度在 35～38℃，最低应该不低于 30℃。当同时药浴羊只过多时应适当添加驱虫药物以保持药浴液的药物浓度。对于顽固体表寄生虫（如疥螨），可用刷子蘸取同浓度药液刷洗至皮屑脱落并深入感染组织，结痂后即可痊愈。

四、中毒

山羊与其他动物一样，有时不能辨别有毒物质而误食，从而引起中毒。采取预防中毒的措施有不喂有毒植物；禁喂霉变饲料饲草；饲料饲草应晒干保存，贮存的地方应干燥、通风；喂前要仔细检查，如果发现霉变应废弃掉。防止水源性中毒：对喷洒过农药和施用过化肥的农田所排的水，不应当作羊的饮用水。一旦发现羊中毒，首先要查明原因，及时进行救治。发生中毒时一般治疗原则如下：

（1）排出毒物。中毒的初期可用胃导管洗胃，用温水反复冲洗，以排出胃内容物。如果中毒发生的时间较长，应及时灌服泻剂。常用盐类泻剂，如硫酸钠（芒硝）或硫酸镁（泻盐），剂量一般为 50～100 g。大多数有毒物质常经肾脏排泄，所以利尿对排毒有一定效果，可使用强心剂、利尿剂，内服或静脉注射都可以。

（2）使用特效解毒药。严格确定有毒物质的性质，及时有针对性地使用特效解毒药，如酸类中毒可服用碳酸氢钠、石灰水等碱性药物；碱类中毒常内服食用醋；亚硝酸盐中毒可用 1%的美蓝溶液按每千克体重 0.1 mL 静脉注射；氰化物中毒可用 1%的美蓝溶液按每千克体重 1.0 mL 静脉注射；有机磷农药中毒时可用解磷定、氯磷定、双复磷等解毒。

（3）对症治疗。为了增强肝、肾的解毒能力，可大量输液；心力衰竭时可用强心剂；呼吸困难时可使用舒张支气管、兴奋呼吸中枢的药物；病羊兴奋不安时，可使用镇静剂。

五、卫生防疫

达到一定规模的羊场应建立严格的规章制度，包括卫生和防疫制度，以控制病原传播，防止常见传染病。

（1）卫生制度。在羊场及圈舍的入口处设有消毒石灰槽或消毒池，人、羊经过时须进行消毒，并且每周更换消毒药 1～2 次。羊圈地面应每天清扫 1 次，每月喷洒消毒 1～2 次。消毒前要清扫粪便等杂物。发现有可疑传染病的羊只，应及时隔离治疗，同时每天对羊体、羊圈和地面等彻底消毒 1 次。

（2）防疫制度。可根据当地传染病流行情况，有选择性地进行免疫。常见疫苗有：羊肠毒血症苗、羊快疫菌苗、羊猝狙菌苗、羊痘鸡胚化疫苗、魏氏梭菌苗等。免疫接种应按合理的免疫程序进行。各地区、各羊场可能流行的传染病不止一种，因此，羊场往往需用多种疫苗来预防，也需要根据各种疫苗的免疫特性合理地安排免疫接种的次数和时间。目前对于黑山羊还没有一个统一、固定的免疫程序，只能在实践中通过摸索，根据本地区、本羊场的具体情况，制定一个科学的、合理的免疫程序。

六、羊群发生传染病的防控措施

在发生炭疽、口蹄疫、羊痘等烈性传染病时，应立即采取一系列措施，就地扑灭，以免疫情扩散。

兽医人员要立即向有关部门报告疫情，及时划定疫区，采取严格措施进行隔离封锁；同时要立即将病羊和健康羊隔离，不让它们有任何接触，以防健康羊群受到传染。

对于发病前与病羊有过接触的羊，即使外表上看不出有病，也不能再同其他健康羊在一起饲养，必须单圈饲养，经过 20 天以上的观察不发病，才能与健康羊合群；有症状表现的羊，应按病羊处理。

对已经隔离的病羊，要及时进行药物治疗。隔离场所禁止人、畜出入和接触，工作人员出入应遵守消毒制度。隔离区内的用具、饲料、粪便等，未经彻底消毒，不得运出。

第三节　黑山羊场消毒技术

防止病原微生物的侵入、繁殖、扩散是保护羊群健康的关键。生产中，良好的消毒灭源措施能有效控制病原微生物的生长繁殖、传播，切断病原微生物的生存、传播之路。所以规模化羊场必须制定严谨的消毒措施，为羊群健康生长提供良好的环境保证。

一、消毒药物的选择方法

（一）药物选择

依据羊场的常见疫病种类、流行情况和消毒对象、消毒设备、羊场条件等，选择适合自身实际情况的两种或两种以上不同性质的消毒药物。同时考虑药物起效快、稳定性好、渗透性强、毒性低、刺激性和腐蚀性小等特点及价格因素。

充分考虑本地区的羊群疫病流行情况和疫病可能的发展趋势，选择储备和使用两种或两种以上不同性质的消毒药物。

创造条件，定期开展消毒药物的消毒效果监测，依据实际的消毒效果来选择较为理想的消毒药物。

（二）羊场常用的消毒剂及消毒剂种类

（1）碘制剂：主要有威力碘、百菌消-30、速效碘等。

（2）强碱类：主要指 2%或 3%烧碱溶液、石灰粉或石粉乳。烧碱可用于空舍、场区、外环境的消毒。石灰粉既能消毒又能防潮，适用于产房，也可撒在场区周围形成一条隔离带。

（3）季铵盐类：如安力 2000、百毒杀等。此类消毒药主要适用于新建羊场。

（4）醛类：甲醛又称福尔马林，根据浓度不同可用于手术消毒、环境熏蒸消毒，也可作防腐剂。

（5）过氧化物类：如过氧乙酸，分为A、B二瓶装，使用时先将A、B液混合24～48小时后使用，有效浓度为18%左右，喷雾消毒的浓度为0.2%～0.5%，现用现配。

（6）氯制剂：如漂白粉、消毒威、99消毒王等，消毒威使用的浓度为400～500倍液喷雾消毒。

（7）酚类：如菌毒灭，使用浓度为1∶100～1∶300。

（8）弱酸类：如灭毒净，使用浓度为1∶500～1∶800。

二、黑山羊场消毒方法

（一）常规消毒方法

常规消毒重点是场区入口、生产区入口、进舍入口、羊群、场内环境等部位及兽医器械的清洗消毒。

进入羊场的所有人员，应采取“踩、照、洗、换”四步消毒程序（踩火碱消毒垫，散射紫外线照射5～10分钟，消毒药液洗手，更换场区工作服和胶靴），经过专用的消毒通道进入场区。

场区入口处的车辆消毒池长度应大于进场车轮周长的两倍，宽度与整个入口相同，池内药液深度为15～20 cm，同时配置低压消毒器械，对进场的生产车辆实施喷雾消毒。

进入场区的所有物品，必须根据物品特点选择使用多种消毒形式（如紫外灯照射30～60分钟，消毒药液喷雾、浸泡或擦拭等）中的一种或组合进行综合消毒处理。

终末消毒方案：羊场的终末消毒主要是在疫病平息后，对单栋舍或空舍后实施的消毒措施，是防止病原微生物扩散，保证羊群健康和防止疫病发生的重要措施。

清扫和器具整理：空羊舍或空羊栏后，及时清除舍内的垃圾，清洗墙面、顶棚、通风口、出入口、水管等处的尘埃及料槽内的残料，并整理各种器具。如果是疫病平息后，则要将清除的粪便和污染物进行深埋、焚烧或其他无害化处理。

羊舍、设备和用具的清洗：首先，对空羊舍内的所有表面进行低压喷洒并确保其充分湿润，必要时进行多次连续喷洒以增加浸泡强度。喷洒范围包括墙面、料槽、地面或床面、羊栏、通风口及各种用具等，尤其是料槽，有效浸泡时间不低于30分钟。其次，使用冲洗机高压彻底冲洗墙面、料槽、地面或床面、饮水器、羊栏、通风口、各种用具及粪尿沟等，直至上述区域做到尽可能的干净清洁为止。最后使用冲洗机自上而下喷洒墙面、料槽、羊栏、饮水器、通风口、各种用具及床面或地面等。

羊舍、设备和用具的消毒：视消毒对象不同可选用消毒威、菌毒灭、速灭5号、烧碱、过氧乙酸等消毒剂。空羊舍消毒可以用1∶2000的速灭5号或0.3%～0.5%的过氧乙酸进行空气喷洒消毒，每平方米用500 mL配好的消毒剂药液，间隔2天1次，共进行2次。喷洒时特别要注意那些容易残留污物的地方，如角落、裂隙、接缝和易渗透的表面，喷洒时先羊舍顶棚，沿墙壁到地面。

恢复羊舍内的布置：在空羊舍干燥期间对羊舍内的设备、用具等进行必要的检查和维修，重点是饲槽、供草架、饮水槽等，堵塞舍内鼠洞，做好羊舍内灭鼠除蝇，充分做好入羊前的准备工作。

黑山羊入舍前1天再次对空羊舍进行喷雾消毒。

（二）带羊消毒方法

消毒前，先做好清洁卫生，尽可能消除影响消毒效果的不利因素，如粪尿和生产垃圾等。

消毒间隔时间，根据羊场具体情况而定，平时预防为主，5～7天消毒一次，发生疫病时每天消毒一次。

羊舍内带羊消毒常用0.1%过氧乙酸溶液、0.5%强力消毒灵溶液或0.015%百毒杀溶液喷雾消毒。药液用量以舍内地面面积为单位，一般控制在0.3～0.5 L/ m^2。消毒药液必须现用现配，混合均匀，避免边加水边消毒现象。

（三）日常消毒管理方法

在场区入口和生产区入口设置合理分布的紫外线灯，最好保持24小时不间断亮灯，紫外线灯管一般每45天更换1次。

使用消毒脚盆的，药液深度至少超过脚踝部位，踏脚盆前应保持胶靴的清洁。

重点防疫期间，可适当增加带羊消毒时的消毒次数和药液用量。当羊群出现死亡增多或存栏密度较大时，有必要适当提高带羊消毒时的药液用量和药液浓度。

对同一对象的消毒，应定期轮换使用不同性质的消毒药物，但不能同时混用不同性质的消毒药物。

当空舍内安装有独立的加药饮水系统时，必须对此系统进行清洁和消毒。

（四）其他注意事项

1. 按照消毒药物使用说明书的规定配制消毒溶液，掌握准确的配比，不随意加大或降低药物浓度。

2. 不随意将两种不同类型的消毒剂混合使用或同时消毒同一物品。

3. 严格按消毒操作规程进行，确保消毒效果。

4. 定期更换消毒剂，不长时间使用同一种消毒剂消毒同一对象。

5. 现用现配，尽可能在规定的时间内用完。

6. 工作人员要注意做好自我防护，以免消毒药液刺激手、皮肤、黏膜和眼睛等。同时也要注意消毒药液对羊群的伤害及对金属等物品的腐蚀作用。

第四节　黑山羊场免疫流程

一、羊三联四防疫苗（或羊五联苗）

于每年2月下旬至3月上旬和每年9月下旬（如厂家说明免疫期为1年，此可略）按使用说明书进行肌内注射，注射后10～14天产生免疫力，可预防羊快疫、羊肠毒血症、羊猝狙、羊黑疫、羔羊痢疾等疾病的发生。

二、羊痘鸡胚化弱毒苗

可于每年2～3月不论大小羊一律皮内注射0.5 mL，免疫期为1年，注射后6～10天产生免疫力，可预防羊痘病的发生。

三、山羊传染性胸膜肺炎氢氧化铝菌苗

于每年3～4月和每年9月左右按说明书进行注射，免疫期6个月，可预防山羊传染性胸膜肺炎的发生。

四、口蹄疫灭活疫苗

成年羊每只每次2 mL，羔羊每只每次1 mL。肌内注射后15天产生免疫力，免疫期4个月。注射后出现不良反应的可用肾上腺素救治。

五、山羊传染性脓疱（口疮）疫苗

划线免疫：在口腔内部嘴唇黏膜处划线出血，在伤口处滴入 0.2 mL；皮下注射：尾根或大腿内侧皮下注射 0.5 mL；免疫期 6 个月，可预防黑山羊传染性脓疱（口疮）的发生。

六、小反刍兽疫疫苗

每两年注射一次，肌内注射，按每千克体重 0.2 mL，注射后 7～15 天产生免疫力，可预防小反刍兽疫病。

七、布氏杆菌病疫苗

选用羊型 5 号弱毒苗、猪型 2 号弱毒苗，口服或肌内注射，免疫期 1～3 年，潜伏期不注射。

羊场每年免疫接种的主要疫（菌）苗见表 5－1。

表 5－1　羊场每年免疫接种的主要疫（菌）苗

免疫病种	疫苗名称	免疫方法	免疫剂量	免疫期	免疫次数
口蹄疫	口蹄疫灭活疫苗	肌内注射	按标示说明	6 个月	每年 2 次
羊快疫、羊肠毒血症、羔羊痢疾	羊三联四防或四联五防苗	皮下或肌内注射	按标示说明	1 年	每年 1～2 次
山羊传染性胸膜肺炎	传染性胸膜肺炎氢氧化铝菌苗	皮下或肌内注射	按标示说明	1 年	每年 1 次
羊痘	羊痘灭活疫苗	皮内注射	按标示说明	1 年	每年 1 次
山羊传染性脓疱（口疮）	传染性脓疱疫苗	划线或皮下注射	按标示说明	6 个月	每年 1～2 次
小反刍兽疫	小反刍兽疫疫苗	肌内注射	按标示说明	2 年	每两年 1 次
布氏杆菌病	羊型 5 号弱毒苗、猪型 2 号弱毒苗	口服或肌内注射	按标示说明	1～3 年	潜伏期不注射
体内寄生虫	伊维菌素、吡喹酮	肌内注射	按标示说明	4～6 个月	每年至少 2～3 次
体表寄生虫	双甲脒、敌百虫	药浴或患处擦涂	按标示说明	4～6 个月	每年至少 2～3 次

第五节　黑山羊常见传染病防治

一、口蹄疫

口蹄疫是由口蹄疫病毒引起的偶蹄兽的一种急性、热性、高度接触性传染病。以口鼻黏膜、蹄部和乳房等皮肤发生水疱和糜烂为特征。该病主要侵害偶蹄兽，通过消化道传播，也可接触传染，被国际兽医局列为A类家畜传染病。

（一）流行特征

病原体为口蹄疫病毒，病畜是主要传染源，各种分泌物、排泄物都带毒。主要通过消化道、呼吸道传染及受损的结膜、黏膜和皮肤传染，该病可通过直接接触和间接接触的方式传播。带毒者移动和调运以及畜产品的调运是引起疫病发生的主要原因。各品种的黑山羊均有易感性。该病全年都可发病，但常常发生于秋、冬和春季。黑山羊口蹄疫有一定的周期性，每隔1～2年或3～5年流行一次。在我国主要以黑山羊O型口蹄疫为主。幼龄黑山羊尤其是初生幼羊最易感，死亡率可高达50%以上。当口蹄疫暴发正值产仔期间，将导致妊娠母羊流产，新生羔羊大批死亡。成年黑山羊多为良性，死亡率一般仅为3%，严重流行可高达10%以上。

（二）临床症状

黑山羊口蹄疫自然潜伏期1～9天，病程为10～14天，症状较牛轻，表现为产奶量下降、轻度跛行和食欲消失。剧烈流行时，有更为严重的症状，如体温升高，食欲降低或废绝，泌乳停止，唇、口角、舌、齿龈、颊内面、硬腭出现针头大或豌豆大的水疱，水疱经1～2天自行破裂，形成边缘呈锯齿状浅表的鲜红色烂斑，然后逐渐愈合，若护理不当，续发感染化脓菌，形成溃疡、坏死。乳房和乳头上可发生小水疱和上皮缺损，乳房或乳头肿胀，间或乳头呈出血性浸润，乳质发生变化，产量减少。有时母羊阴户和阴道也有小水疱，孕羊流产。若不发生其他并发症，一般预后较好，死亡率较低。羔羊有时并发出血性胃肠炎和心肌炎，死亡率较高。

（三）预防措施

每年2～3次免疫注射口蹄疫疫苗。注射后14天产生免疫力，免疫期4～6个月。发现疑似口蹄疫病例时，应立即向当地畜牧兽医行政主管部门报告，并及时送检病料。疫区要立即封锁，隔离传染源，防止扩散，健康山羊采取紧急预防接种，严禁贸易往来。所有可疑山羊应作适宜的集中隔离，以便确诊后立即扑杀、深埋或焚烧。

（四）防治指南

该病发病速度快，传播范围广，人畜共患，不建议治疗。对于疫病突发羊群且无法迅速确诊的地区，可采用以下控制防治指南，以减缓该病扩散暴发。病黑山羊口腔黏膜病变用1%高锰酸钾、食盐水、1%～4%醋酸冲洗，溃烂面涂以碘甘油、5%碘酒、2%甲紫、2%明矾，也可用冰硼散撒布。蹄部病变首先用肥皂水或3%来苏儿液冲洗干净，再涂上碘甘油、四环素软膏或10%鱼石脂软膏。或让羊群走过含10%福尔马林溶液的消毒池进行足部药浴。乳房治疗，用2%～3%硼酸或肥皂水洗净，然后涂以四环素软膏。

（五）紧急扑灭措施

1. 迅速报告疫情。详细调查疫情，做到心中有数，将疫情封锁在最小范围，采取有效措施，尽快扑灭。

2. 立即封锁，防止扩散。本着“早、快、严、小”的原则，及时划分疫点、疫区和受威胁区。一般将发病羊群所在地及该羊群在发病前14天曾活动和污染范围均划为疫区，疫区外5～10 km划为受威胁区，疫区及受威胁区都是非安全区，应分别加以封锁，只有当最后一头病羊死亡或痊愈后20天，经彻底消毒后，才能解除封锁。解除封锁后，黑山羊及其他偶蹄家畜在3个月内仍不得出境。

3. 隔离传染源，做好疫区管理。病畜要进行严格隔离和精细的治疗护理。疫区和受威胁区的健康山羊要采取紧急预防注射，实行交通检查，严禁贸易往来，凡出入疫区的车辆及人员要进行检查消毒，疫区的山羊、山羊产品不得出疫区，外地健康易感畜也不得入内。

4. 疫源地处理。彻底清理和消毒被污染的地区、场所及物品、工具。常用的化学消毒药见前述。粪便可结合积肥，进行堆积发酵处理。山羊产品可用焚烧、蒸、煮等办法消毒处理，皮毛可用环氧乙烷进行消毒，尸体要采取焚烧或深埋。

5. 注意个人防护，以防感染。

二、小反刍兽疫（羊瘟）

小反刍兽疫，又称羊瘟，是由小反刍兽疫病病毒引起的一种高度接触性传染病，是我国一类动物疫病。潜伏期一般4～6天，一年四季均可发生，但多雨季节和干燥寒冷季节多发。主要表现为呼吸困难、腹泻、流产等症状。易感羊群发病率可达100%，死亡率可达50%以上。黑山羊、绵羊、野生小反刍兽易感，不感染人。

（一）流行特征

黑山羊高度易感，发病率可高达90%，病死率50%～80%，病羊是该病的传染源。病毒存在于发热期的血液、淋巴结、眼结膜、鼻咽部、胃肠道黏膜、肺脏等组织中，随分泌物和排泄物排出。2～18月龄的幼龄羊较成年羊易感，而哺乳期羔羊有较强的抵抗力。不同品种羊的易感性存在差异，以黑山羊中的小型品种尤为易感。主要发生在雨季和干冷季节，常以零星疫点的形式发生，该病以前主要流行于北非到中、东非洲国家，近年来，在我国周边国家和地区均呈地方性流行趋势。2013年12月，疫情均由境外传入我国，在部分边境省份先后发生过小反刍兽疫疫情，且继续扩大蔓延。2014年1月起，迅速向内地传播扩散，据农业部通报，至4月11日，全国有22个省区确诊发生小反刍兽疫。

（二）临床症状

小反刍兽疫的潜伏期为4～6天，最长21天。以发热、溃疡性和坏死性口炎、胃肠炎、肺炎为主要特征，有眼炎（甚至失明）、鼻腔大量排出浆液性和脓性鼻液等症状，病羊高热，精神沉郁，食欲减退，鼻镜干燥，有糜烂性胃炎、结膜炎、肠炎和肺炎。有的病羊体温高达40～41℃，不死的可持续14天。有的持续高热3～5天后，齿龈充血，进一步发展到口腔黏膜弥漫性溃疡和大量流涎，严重腹泻，消瘦，呼吸困难和死亡。在疾病后期，常出现血样腹泻。肺炎、咳嗽、胸部啰音以及腹式呼吸也常发生。

该病特征性病变是口腔溃烂，初为白色点状的小坏死灶，病灶增多易形成底面红色的浅表糜烂面，在舌面、齿龈、上颚这些溃疡很快就覆盖一层黄白色伪膜。皱胃常出现有规则、有轮廓的糜烂，创面红色、出血，咽喉和食管常见有条状糜烂。胃肠可见糜烂或出血，皱胃和盲肠可见出血性肠炎。肺尖叶或心叶末端见有肺炎灶或支气管肺炎灶。

（三）诊断

该病病程急剧，黑山羊出现高热稽留、流鼻液和眼泪、口腔和舌部糜烂、急性发热、腹泻、口炎等症状即可作出初步诊断；羊群发病率、病死率较高，传播迅速，且出现肺尖肺炎病理变化，可判定为疑似小反刍兽疫病例，确诊需实验室诊断。在急性发病期且临床症状明显时采集病料。活体动物采集眼睑下结膜分泌物和鼻腔、颊部及直肠黏膜病料拭子。采集全血时加抗凝剂如肝素，尸体解剖（2～3 头）采集肠系膜和支气管淋巴结和脾、肠黏膜。

（四）防范措施

1. 守法饲养、生产和经营。

（1）饲养、生产、经营等场所必须符合国家规定的动物防疫条件，有建立健全的防疫制度，提高生物安全水平。疫情当前，要严格遵守国家限制活羊移动措施。

（2）在疫情得到控制，限制活羊移动措施解除后，要做到：运输羊及羊产品的车辆，在装载前和卸载后，必须对车辆进行彻底消毒。到非疫区跨省调运羊时，必须先到调入地动物卫生监督机构办理检疫审批手续，经调出地按规定检疫合格，方可调运。羊在离开饲养地之前，必须向当地动物卫生监督机构申报检疫。经检疫合格后，方可离开饲养地。进入屠宰场屠宰的羊，必须要有检疫证明，佩戴有牲畜耳标。

2. 严防病原传入。

（1）做好日常饲养管理和消毒，外来人员和车辆进场前应彻底消毒。

（2）不从疫区购进羊和草料，不从疫病流行情况不清的地区购进羊和草料。

（3）对外来羊，尤其是来源于活羊交易市场的羊，调入后必须隔离观察 30 天以上，经临床诊断和血清学检查确认健康无病，方可混群饲养。

3. 保护易感动物。

（1）加强饲养管理，提高易感动物的抗病能力。

（2）经农业部批准、允许免疫的地区，做好羊群高密度免疫（免疫保护期暂定 3 年），特别注意做好对新生羔羊和新进羊的及时补免工作。

4. 坚决消灭传染源。

（1）在饲养、运输、交易、屠宰等环节发现可疑病例，必须立即采取隔离、限制其移动，加强消毒等措施，不藏匿、转移和出售疑似患病山羊。

（2）在采取隔离、限制动物移动等措施的同时，立即向当地兽医主管部门或动物疫病预防控制机构报告情况。

（3）疫情确诊后，积极配合政府采取措施，迅速扑灭疫情，消灭传染源。

三、山羊传染性脓疮（羊口疮）

山羊传染性脓疮又称羊口疮，是绵羊、山羊的一种由口疮病毒所致的急性接触性人兽共患传染病。其特征为口唇等处皮肤和黏膜形成丘疹、水疱、脓疱、溃疡和疣状厚痂。主要侵害 3～6 月龄黑山羊，成群发病，死亡率虽较低，但由于病羔吮乳困难，采食受阻，严重影响生长发育，或因衰竭或继发肺炎等疾病而死亡。

（一）流行特征

初发该病的羊群无论幼龄黑山羊或成年黑山羊都可感染发病，而常发地区的黑山羊群中，以 3～6 月龄的黑山羊多发，成年羊仅为散发，该病一年四季均可发病，但以春夏发病最多，呈地方流行性。羊只引种长途运输途中环境封闭，羊舍污秽、阴暗、潮湿、拥挤易致该病发生和流行。饲草过粗、带刺，饲料中缺乏矿物质、维生素，羔羊啃食墙角泥土，导致口腔黏膜受损，均利于该病的发生。自然病愈羊至少有 2 年的免疫力，很少再发，即使发病也较轻微。疫区成年羊多为乳房及唇部轻微病变。感染后一般于7～12天产生免疫。

（二）临床症状

该病在临床上可分为唇型、蹄型和外阴型，但以唇型感染为主要症状。潜伏期 3～7 天。病羊常表现为流涎、精神萎靡、被毛粗乱、日渐消瘦。病变主要见于口角、上唇、齿龈、鼻镜和鼻孔的皮肤和黏膜上。先出现散在的小红斑，很快形成小结节（丘疹），继而发展成水疱和脓疱。脓疱破裂后，形成黄色或棕色的疣状痂皮，常经 10～14 天脱落而痊愈，无残留疤痕。严重病例，病变部可相互融合，波及整个口唇周围、颜面、眼睑、颊部、舌、软腭和耳郭等部，形成大面积痂垢，痂垢不断增厚，整个嘴唇肿大、外翻，呈桑葚状隆起，严重影响采食。多数呈良性经过，病程 2～3 周，少数严重病例可因继发坏死杆菌病或肺炎而死，黑山羊羔死亡率可高达 20%。病羔吃乳时，还可把病毒扩散到母羊的乳头、乳房、外阴部及附近皮肤上，发生丘疹、水疱、脓疱、烂斑和痂块，有的还可引起乳房炎。

（三）预防措施

可采用疫苗预防，未发疫地区，可用山羊口疮弱毒细胞冻干苗，每头 0.2 mL，口唇黏膜注射。发病地区，紧急接种，仅限内侧划痕，也可采用把患羊口唇部痂皮取下，剪碎，研制成粉末状，然后用 5%甘油灭菌生理盐水稀释成1%浓度，涂于内侧，皮肤划痕或刺种于耳，主要是保护羊只皮肤、黏膜勿受损伤，做好环境的消毒工作。长途引种运输途中与圈舍日常管理，应注意避免长时间封闭、潮湿、过度拥挤，加强通风、消毒处理；发病时要注意做好羊舍、饲养用具、病羊体表和蹄部的消毒。

（四）治疗

可采用综合防治措施治疗，首先对感染的病羊隔离饲养，圈舍进行彻底消毒。给予病羊柔软的饲料、饲草，如麸皮粉、青草、软干草，给予清洁饮水。剥离痂垢后，一定要剥净，然后用淡盐水或0.1%高锰酸钾水溶液清洗疮面，再用2%甲紫（紫药水）或碘甘油（碘酊、甘油为1∶1）涂擦疮面，间隔3～5天重复使用1次。同时，肌内注射青霉素、链霉素，每天2次，连用3天治疗效果更佳。对于不能吮乳的病羔，应加强护理，进行人工哺乳（可先将母羊乳挤入干净的杯内，再用消毒过的兽用注射器去针头，吸乳滴入病羔嘴内）。

四、山羊痘

山羊痘是由山羊痘病毒引起的一种急性、热性、接触性传染病，以无毛或少毛的皮肤和黏膜上生痘疹为特征，初期为痘疹，后变成水疱、脓痂，最后干结成痂脱落而痊愈。该病多发生于春、秋两季。

（一）流行特征

传染源主要是病羊和病愈带毒的山羊。该病可通过接触传播，经飞沫、尘埃传播，经呼吸道、消化道或受损伤的皮肤、黏膜传播，也可由羊虱等体外寄生昆虫传播发病。山羊痘仅感染同群的山羊，自然病愈山羊可获得免疫力，幼羔可从母体获得短期的母源抗体。该病以春、秋两季多发，以幼龄山羊的易感性最高。该病潜伏期4～20天，病期全过程为3～4周，多数可痊愈。

（二）临床症状

病羊开始表现为鼻孔闭塞、呼吸促迫，有的山羊流浆液或黏液性鼻涕，眼睑肿胀、结膜充血、有浆液性分泌物，体温升高到41～42℃，40～42℃稽留热，1～2天后开始发痘，痘疹大多发生在皮肤无毛或少毛部位，皮肤和黏膜最初出现圆形红色斑疹（红斑期），继而发生大小不等的结节（丘疹期），丘疹迅速发展，形成水疱（水疱期），内含清亮浆液，有些水疱中央凹陷，称为痘脐；继而体温下降，水疱液逐渐混浊而成脓疱（脓疱期），脓疱内容物逐渐干涸，形成褐色痂皮（结痂期）。痂皮脱落后，遗留放射状疤痕而痊愈。病程 3～4 周。该病的经过一般良好，死亡率仅 5%～10%，但有些山羊痘并发呼吸道、消化道疾病和关节炎，严重时可引起脓毒败血症，病死率可高达 20%～50%。

（三）预防措施

山羊痘多是通过购入受感染黑山羊传入羊群的，应严禁从疫区购买种羊。必须从外地引进时，应先做好疫情调查，引入后经过检疫和消毒，隔离饲养观察 2 个月，确认无病后，进行体表消毒方能混群。在常发地区对山羊群皮下接种山羊痘弱毒疫苗 0.5～1.0 mL，免疫期效达 1 年。一旦发生山羊痘，应立即封锁疫点，隔离病羊，分群饲养，当最后一只山羊痊愈后，即全部痂皮脱落为止，经羊体体表及环境的全面消毒，观察 2 个月未发现病羊，方可解除封锁。病死山羊尸体应深埋处理，圈舍及用具可用 1%福尔马林、3%石碳酸、漂白粉等消毒。同时在防治过程中要注意人的防护。人感染山羊痘后，腹部、背部、手臂和腿部皮肤有大量的小水疱出现，10～15 天后方可痊愈。平时注意环境卫生，严格消毒，加强饲养管理。

（四）防治指南

目前对山羊痘尚无特效药。每年定期预防接种氢氧化铝羊痘疫苗，皮下注射，成年羊 5 mL，羔羊 3 mL，免疫期 5 个月。对发病山羊，在严密隔离的条件下，采取以防止继发感染为主的防治。对病羊皮肤病变部位，用 0.1%高锰酸钾溶液洗净后，涂上碘甘油，为防止继发感染，可肌内注射青霉素 240 万 U 和链霉素 200 万 U，每天 2 次，羔羊酌减。病愈后的山羊具有终生免疫力。也可以对症治疗：10%氯化钠液 40～60 mL 或碳酸氢钠液 250 mL，静脉滴注。局部用 1%高锰酸钾液洗涤患部，再涂擦碘甘油。支持疗法：10%葡萄糖液 500 mL、5%葡萄糖酸钙 40 mL、青霉素 380 万 U、链霉素 2 g，一次性静脉滴注。

五、山羊传染性胸膜肺炎

山羊传染性胸膜肺炎，又称“烂肺病”，由丝状支原体感染引起的一种黑山羊特有的接触性传染病，主要特征为高热、咳嗽、呼吸困难、胸膜发生浆液性和纤维素性炎症、流铁锈色鼻液，按压胸部表现敏感和疼痛、肺切面出现特有的大理石样病变，胸膜变厚而粗糙，与肋膜、心包膜发生粘连。发病后死亡率较高，发病率可达 87%，死亡率达 34.5%。新暴发的地区，几乎都是由于引进或迁入病羊或带菌羊而引起的。

（一）流行特征

该病的病原体为山羊丝状支原体，是一种胸膜肺炎微生物，革兰阴性。该病原体接触传染性很强，呼吸道的飞沫传染是该病主要的传播方式。通常奶黑山羊的潜伏期和病程较一般黑山羊短促。孕羊发病后的病死率较一般黑山羊高。3 岁以下的羊最易感。冬春缺草、羊群瘦弱时发病率和病死率较高，发病后传播迅速，20 天可波及全群。冬季流行期平均 15 天，夏季可维持 2 个月以上。寒冷潮湿、阴雨连绵、羊群密集、拥挤等都可成为该病的诱因。

（二）临床症状

病羊高热，发病初期体温升高至 41～42℃，呈现稽留热或间歇热，病羊精神萎靡，食欲减退，离群呆立，被毛粗乱，但饮欲随病程的发展而增强，呼吸困难，有时呻吟、气喘、湿咳，以初期流浆液性鼻涕，1 周后变为脓性，铁锈色，出现浆液性和纤维素性蛋白渗出性肺炎和胸膜炎为特征，按压羊只胸壁表现敏感疼痛，听诊肺脏有啰音。病羊一般有三种类型，即最急性型、急性型、慢性型。

（三）预防措施

1. 严禁从疫区购买黑山羊。新引进的黑山羊，应隔离观察 1 个月，确证无病时方可合群。

2. 在常发地区，免疫接种是预防该病的有效措施，每年 5 月应对黑山羊进行山羊传染性胸膜肺炎预防接种，6 月龄以下的黑山羊皮下或肌内注射 3 mL，6 月龄以上的黑山羊注射 5 mL。注射后经 14 天即可产生免疫力。

（四）防治指南

发生该病应立即封锁羊群，及时对全群山羊进行逐头检疫，病羊、可疑羊和假定健康羊分群隔离治疗，羊舍、食槽、用具及周围环境用 1%～2%氢氧化钠严格消毒。假定健康羊群应进行紧急预防免疫。每头病羊用新胂凡钠明静脉注射或磺胺嘧啶皮下注射，或病初使用足够剂量的土霉素有治疗效果。用新胂凡钠明、氯霉素、四环素、红霉素、泰乐霉素治疗该病证明有效，可达到临床治愈，但有些仍可带菌。因此对临床治愈的病羊和可疑羊原则上应肥育屠宰，不要再和无病羊群混合饲养，以防疫病传播。病羊污染过的圈舍、用具，可用 3%来苏儿或 2%氢氧化钠溶液或 20%热草木灰水消毒。

六、山羊传染性眼结膜炎

山羊传染性眼结膜炎又称红眼病、流行性眼炎，是由多种病原菌引起的一种山羊常见的高度接触性传染病。其特征为羞明流泪，结膜和角膜炎，角膜混浊和溃疡。该病一般不致死，但由于局部刺激和视觉扰乱，妨碍行走和采食，致山羊体重减轻、产奶量降低、生长发育减缓等，直接或间接地影响山羊的生产性能。

（一）流行特征

病羊和带菌羊是该病的主要传染源。病原常存在于患羊的结膜囊、鼻泪管和鼻分泌物中，随眼分泌物排出。病愈后，该病原仍长期存在于眼分泌物中，一般通过头部互相摩擦、打喷嚏、咳嗽而传染。蝇类可成为该病的传播媒介。幼龄、青年山羊发病率最高，该病一年四季都可发生，尤以5～10月发病最多。一旦发病，传播迅速，1周之内可波及全群，奶山羊的发病率可达40％～100％。多呈地方流行性或流行性。强烈日光（紫外线）照射、刮风、外伤、尘土、羊舍狭小、空气污浊、氨浓度过高等有利于该病的发生和传播。

（二）临床症状

潜伏期一般为2～7天。患羊全身症状不明显，多数无体温反应，少数于病的严重期，体温可达40℃。病初呈结膜炎症状，畏光、流泪、眼睑半闭。眼内角流出浆性或黏性分泌物，不久变成脓性。结膜和眼睑红肿，其后发生角膜炎和角膜溃疡。随病的发展，结膜上的血管伸向角膜，在角膜边缘形成红色充血带。由于炎症的蔓延，可继发虹膜炎。角膜在病初一般变化不大，经1～4天后角膜混浊，起初半透明、浅灰色，以后混浊度逐渐增加，呈云翳状。严重者角膜增厚，并发生溃疡，形成角膜瘢痕。有时发生眼前房积脓或膜破裂，晶状体可能脱落，造成永久性失明。多数患病山羊为一侧眼患病，后为双眼感染。病程一般为20天左右，短者7天，长者40天。多数能痊愈，少数病羊因角膜翳、角膜穿孔而失明，最终被淘汰。

（三）预防措施

1. 隔离病羊，单独圈养。加强护理，避免与健康羊接触。健康羊要远离发病羊群放牧，杜绝病羊健羊互相接触，减少扩散传染。

2. 不引进病羊和带菌山羊，严格杜绝传染源的传入。

3. 注意环境卫生。在夏、秋季要注意灭蝇，避免强日光照射和灰尘的刺激，将患羊安置在暗处和无风的地方，防止眼外伤等，可降低发病率。

4. 用1.5%硝酸银溶液在结膜内滴5～6滴，有一定的预防作用。

（四）防治指南

1. 先用2%～4%硼酸水冲洗，拭干后滴入溴乙菲啶，或螺旋霉素、土霉素、四环素、红霉素等其他广谱抗生素眼膏，每天2次，1周后可以痊愈。

2. 可用0.5～1.0 g红霉素，先以5～10 mL注射水溶解后，再加入5%葡萄糖液30～60 mL，颈静脉注射，每天1次，连用3天。

3. 角膜穿孔可吹敷甘汞粉，或滴入红药水。

4. 角膜混浊或角膜翳时，可涂1%～2%黄降汞软膏。每天2次，或用三砂粉（硼砂、朱砂、硇砂各等份研细末）吹入眼内，每天2～3次。

5. 对严重血管翳和炎症的患眼用皮质类固醇注入结膜下，或采病羊全血10 mL，立即注入眼睑皮下均有疗效。

七、大肠埃希菌病

山羊大肠埃希菌病是由产毒素大肠埃希菌引起的以败血症或剧烈腹泻为特征的羔羊及幼龄羊的急性传染病，潜伏期1～2天，多发生于数天至6周龄的羔羊，呈地方性流行，也有散发的。气候不良、营养不足、场地潮湿污秽等，易造成本病发生；主要在冬春舍饲期间发生，经消化道感染。

（一）临床症状

山羊大肠埃希菌病可分为败血型和下痢型（也称肠型）两型。败血型多发于2～6周龄的羔羊。病羊体温41～42℃，精神沉郁，迅速虚脱，有轻微的腹泻或不腹泻，有的有神经症状，运步失调，磨牙，视力障碍，有的出现关节炎；多于病后4～12小时死亡。胸腔、腹腔和心包大量积液，内有纤维素；关节肿大，内含混浊液体或脓性絮片；脑膜充血，有很多小出血点。下痢型多发于2～8日龄的新生羔羊。病初体温略高，出现腹泻后体温下降，粪便呈半液体状，带气泡，有时混有血液；羔羊表现腹痛，虚弱，严重脱水，不能起立；如不及时治疗，可于24～36小时内死亡。

（二）防治措施

大肠埃希菌对土霉素、磺胺类和呋喃类药物都敏感，但必须配合护理和其他对症疗法。土霉素按每天每千克体重20～50 mg，分2～3次口服；或按每天每千克体重10～20 mg，分2次肌内注射。呋喃唑酮，按每天每千克体重5～10 mg，分2～3次内服，新生羔羊再加胃蛋白酶0.2～0.3 g；对心脏衰弱的，皮下注射25%安钠咖0.5～1 mL；对脱水严重的，静脉注射5%葡萄糖盐水20～100 mL；对于有兴奋症状的病羔，用水合氯醛0.1

~0.2 g加水灌服。

母羊要加强饲养管理，做好母羊的抓膘、保膘工作，确保新产羔羊健壮、抗病力强。同时应注意羊的保暖。对病羔要立即隔离，及早治疗。对污染的环境、用具要用3%~5%来苏儿液消毒。

八、山羊布鲁菌病

山羊布鲁菌病是由布鲁菌引起的人畜共患传染病。在家畜中，牛、羊、猪最常发生，且可由牛、羊、猪传染给人和其他家畜。其特征是生殖器官和胎膜发炎，引起流产、不育和各种组织的局部病灶。该病广泛分布于世界各地，我国目前在人、畜间仍然发生，给畜牧业和人类的健康带来严重危害，是目前国家重点防控的人畜共患病。黑山羊布鲁菌病是由马耳他布鲁菌引起的一种黑山羊慢性传染病。其特征是侵害生殖系统，使怀孕母羊流产，公羊发生睾丸炎。

布鲁菌属有6个种，习惯上称马耳他布鲁菌为羊布鲁菌。

（一）流行特征

该病的传染源是病羊及带菌羊。最危险的是受感染的妊娠母羊，它们在流产或分娩时将大量布鲁菌随着胎儿、羊水和胎衣排出。流产后的阴道分泌物以及乳汁中都含有布鲁菌。受感染的公羊的精囊中也有布鲁菌，消化道是主要传播途径，交媾、配种、皮肤损伤都可感染。吸血昆虫可以传播该病。母羊较公羊易感性高，性成熟后的山羊对该病极为易感。羊群一旦感染此病，首先表现为孕羊流产，开始仅为少数，以后逐渐增多，严重时可达半数以上，多数病羊流产1次。

（二）临床症状

母羊主要的症状是流产。流产前，食欲减退，口渴，委顿，阴道流出黄色黏液等。流产发生在妊娠后第3或第4个月。其他症状有乳房炎、支气管炎、关节炎及滑液囊炎，引起跛行。公羊睾丸炎、泌乳羊乳房炎常较早出现，乳汁有结块，乳量可能减少，乳腺组织有结节性变硬。胎衣部分或全部呈黄色胶样浸润，其中有部分覆有纤维蛋白和脓液，胎衣增厚，并有出血点。

（三）诊断

根据流行病学资料，流产、胎儿胎衣的病理损害，胎衣滞留以及不育等都有助于布鲁菌病的诊断，但确诊只有通过实验诊断才能得出结果。布鲁菌病实验诊断，除流产材料的细菌学检查外，虎红平板凝集试验更简便易行。黑山羊群体检疫用变态反应方法比较合适，少量的羊只常用凝集试验与补体结合试验。

（四）预防措施

在未感染羊群中，最好的办法是自繁自养，必须引进种羊时，要严格执行检疫。即将羊群隔离饲养 2 个月，同时进行检疫，全群两次检疫阴性者，才可与原羊群接触。该病无治疗价值。发现呈阳性和可疑反应的羊均应及时淘汰，对污染的用具和场所进行彻底消毒；流产胎儿、胎衣、羊水和产道分泌物应深埋。患布鲁菌病的羊皮、羊毛均应严格消毒。

九、羊梭菌性疾病

羊梭菌性疾病主要有羊快疫、羊肠毒血症、羊猝狙等，其病原和特征如表 5－2。

表 5－2　羊梭菌性疾病的病原和特征

名称	病原	特征
羊快疫	由革兰阳性的厌气腐败梭菌引起	发病突然，病程极短，其特征为真胃呈出血性、炎性损害
羊肠毒血症（软肾病、类快疫）	由魏氏梭菌产生毒素引起	以发病急，死亡快，死后肾脏多见软化为特征
羊猝狙	由 C 型产气荚膜杆菌引起	发病快，精神沉郁，食欲废绝，腹泻，肌肉痉挛，倒地，四肢痉挛，角弓反张，体温不高，以急性死亡为特征，伴有腹膜炎和溃疡性肠炎

（一）流行特点

该病绵羊多发，发病山羊大多在营养中等以上，年龄 6～18 月龄，一般经消化道感染，多发于秋、冬、初春气候骤变，阴雨连绵的季节。

（二）病理变化

病羊呈现真胃出血性炎症，在胃底部及幽门附近，有大小不一的出血斑块，表面坏死；胸腔、腹腔、心脏大量积液；黏膜下组织常水肿；心内外膜有点状出血；肠道、肺的浆膜下可见出血；胆囊肿胀，死羊若未及时剖检则出现迅速腐败。

（三）防治措施

1. 加强日常饲养管理。

2. 每年高发期注射“羊快疫、猝狙、肠毒血症”三联菌苗。

3. 发病时采用对症疗法用强心剂、抗生素等药物，青霉素 80 万～160 万 U，每天 1～2 次。磺胺甲噁唑，每次 5～6 g，连用 3～4 次。10%安钠咖加 5%葡萄糖 1000 mL 静脉注射。

4. 该病发生时，转移牧地可收到减少或停止发病的效果。

5. 10%石灰乳 50～100 mL 口服，连用 1～2 次。

第六节　山羊常见寄生虫病防治

一、寄生虫病综合防治

山羊寄生虫病造成的危害性是很大的。只是羊对疾病的抵抗力较强，在患寄生虫病的过程中大多呈现慢性疾患过程，不像传染病那样一下子发生大量死亡，所以很容易被忽视。实际上它是常发的流行性地方病，对人畜的危害都比较大，羊患了寄生虫病，往往发育不良，养不肥，皮毛枯燥，并因瘦弱而抵抗力下降，容易并发其他疾病造成死亡，给养羊业造成重大经济损失。

对羊寄生虫病的防治，必须在正确诊断的基础上开展群防群治，坚持“预防为主，防重于治”的方针，把治疗和预防紧密地结合起来，采取综合性的防治措施，才能收到较好的效果。制定综合防治措施，应着眼于控制和消灭传染来源、切断传播途径和保护易感动物三个基本环节，力争做到消灭病原体、排除感染机会和增强羊只机体的抵抗力。其中以利用一切手段消灭各个发育阶段的寄生虫（虫卵、幼虫或成虫）更为重要。

（一）做好山羊寄生虫病流行病学调查

寄生虫病的发生、发展都具有一定的流行规律，了解本地区寄生虫的地理分布情况和生活史，对寄生虫的流行病学进行研究，是驱除黑山羊寄生虫病的基础工作和依据。有目的地对疑似患寄生虫的瘦羊进行解剖，查明本地和引进羊只体内外寄生虫种类，为防治工作提供指导和用药依据。

（二）定期对羊只进行驱虫

寄生虫病和传染病一样，治疗时花费较大，且有些寄生虫病治愈很不容易，甚至缺乏有效的治疗方法。所以，要减少羊寄生虫病造成的损失，关键是根据本地区寄生虫病的流行规律，制定合理的驱虫程序，加大对寄生虫病预防的投入，在寄生虫发病季节到来之前，合理使用药物，对羊只进行驱虫预防，以防止发病。定期驱虫应把握的时机和方法：一是羊体内寄生虫预防驱虫，坚持每年春季 3～4 月和初冬 10～11 月两次全群集中驱虫，保证羊只的增膘复壮和安全越冬。此外，在水草丰茂前的 6～7 月加强用药一次，保证有效地控制寄生虫对羊只的危害。二是羊体外寄生虫预防驱虫，羊体外寄生虫主要防治疥螨、痒螨、蚤、蜱等对羊只健康的危害。健康羊只可在每年 3～4 月和 10～11 月进行两次药浴；对个别严重患病羊只，用高于全群药浴浓度的药液及时处理，使其不至于传染全群。三是对转群前、分娩前后、配种前和断奶时的羊只进行预防驱虫。配种前驱虫，有利于母羊怀胎和防止寄生虫引起流产；分娩前驱虫，注意用药剂量准确，一般按常用量的 2/3 给药，产前 15～20 天、产后 21～28 天各驱虫一次；断奶时一般在断奶前后 20 天各驱虫一次；种公羊在 4 月、6 月、8 月、10 月各驱虫一次即可。

（三）注意饮水卫生

寄生虫的感染常常源于受污染的水源，有些中间宿主还生存于水中，因此，不卫生的饮水往往是寄生虫病的感染来源。作为羊的饮水，最好是自来水和井水，其次是流动的河水。注意不要使用不流动的池、塘、坑、沼泽地、稻田、小溪和水渠等处的水源作为羊的饮水。

（四）做好粪便的无害化处理

患寄生虫病的羊只的粪便中常常有很多寄生虫卵、幼虫和卵囊等，如果处理不好，就会污染草料、饮水，使寄生虫病扩大传播。因此，要对羊的粪便，尤其是患寄生虫病的羊只和羊群投驱虫药后 7 天内所排粪便进行收集，运送到指定的地点进行堆积发酵，利用粪便发酵产生的生物热，杀死寄生虫的虫卵、幼虫和虫囊。具体方法是：把粪便堆成堆，外用厚 10 cm 泥土糊好，再用塑料膜封死，发酵一个月后方可开封使用。

（五）加强对羊群的饲养和管理

第一，要保证羊只日粮的足量供给和营养成分的全价，充分发挥机体防御抗病能力，保障机体有高度稳定的抵抗力。第二，加强管理，保管好饲料，防止被污染；不要到低洼潮湿和有钉螺的地方放牧或饮水，也不要到这些地方刈割青草喂羊。第三，羊舍应保持干燥、阳光充足，通风良好；羊只的饲养密度要合理，防止过于拥挤；羊舍和运动场应勤打扫、勤换垫料，垃圾和粪便进行发酵处理。

二、绦虫病

最常见的为莫尼茨绦虫，虫长1～5 m，形似煮熟的宽面条；虫体由许多节片连成，呈米黄色，主要寄生在黑山羊小肠内，待节片成熟后，随粪便排出。节片中含有大量虫卵，虫卵被地螨吞食后，就在地螨体内发育成囊尾蚴。黑山羊吃草把地螨吞入后，会引发此病。

（一）临床症状

感染绦虫病的黑山羊很快消瘦，羊毛粗乱无光，食欲减退而饮水增多，出现拉稀、贫血和水肿，有时出现神经错乱。

（二）预防措施

首先应查明当地可能滋生地螨的场所，据调查在未开垦的荒草地上，地螨的密度最大，生活力强，生存时间长，带虫率也高，而经常耕种的土地则显著减少，甚至绝迹。因此，为预防该病，一方面避免在地螨滋生地放牧或在雨后的清晨和傍晚放牧，同时结合种植高质量牧草，更新牧地，便可预防该病的发生。

（三）防治指南

硫酸铜溶液（1%），1～6月龄羔羊为15～45 mL，7月龄至成年羊为45～100 mL，一次口服。硫双二氯酚，每千克体重0.075～0.1 g，一次口服。丙硫咪唑，每千克体重10～20 mg，一次口服。吡喹酮，每千克体重10～15 mg，一次口服，疗效较好。

三、山羊消化道线虫病

消化道线虫病是寄生于黑山羊消化道内的各种线虫引起的疾病。由于虫体的前端刺入胃肠黏膜，造成损伤，引起不同程度的发炎和出血，除上述机械性刺激外，虫体可以分泌一种特殊的毒素，防止血液凝固，致使血液由黏膜损伤处大量流失，造成患羊消瘦、贫血、胃肠炎、下痢、水肿等，严重感染可引起死亡。有的虫体毒素还可干扰羊体消化液的分泌、胃肠的蠕动和体内碳水化合物的代谢，使胃肠功能发生紊乱，妨碍食物的消化和吸收，病羊呈现营养不良和一系列症状。黑山羊消化道线虫种类很多，它们具有各自引起疾病的能力和不同的临床症状，常呈混合感染，其中以捻转血矛线虫最甚，是每年春、夏季节引起羊只大批死亡的重要原因之一，给养羊业造成严重的经济损失。

（一）临床症状

主要表现为消化紊乱，胃肠发炎，腹泻，消瘦，贫血，可视黏膜苍白，严重病例下颌水肿，幼羊发育受阻。少数病例体温升高，呼吸、脉搏加快，心音减弱，最后因急度衰竭而死亡。

（二）诊断

虫卵检查除毛首线虫、细颈线虫、仰口线虫、古柏线虫等有特征可以区别外，其他各种不易辨认，主要根据该病的流行情况，病羊的症状，死羊或病羊的剖检结果作综合判断。粪便虫卵计数法可了解该病的感染强度，作为防治的依据，可进行粪便培养，检查第三期幼虫。

（三）预防措施

定期驱虫，一般可安排在每年秋末进入舍饲后（12 月至翌年 1 月）和春季放牧前（3～4 月）各一次。粪便要经过堆积发酵处理；羊群应饮用自来水、井水或干净的流水；尽量避免在潮湿低洼地带放牧，禁止食露水草，有条件的地方应实施轮牧。

（四）防治指南

1. 左旋咪唑：每千克体重 5～10 mg，溶水灌服，也可配成 5%的溶液皮下或肌内注射。

2. 噻苯唑：每千克体重 5～10 mg，可配成 20%悬浮液灌服，或瘤胃注射。

3. 甲噻嘧啶：每千克体重 10 mg，口服或拌饲喂服。

4. 甲苯咪唑：每千克体重 10～15 mg，灌服或混饲饲喂。

5. 丙硫咪唑：每千克体重 5～10 mg，口服。

6. 伊维菌素：每千克体重 0.1 mg，口服；每千克体重 0.1～0.2 mg，皮下注射，效果极好。

7. 丙硫苯咪唑：按每千克体重 5～20 mg，1 次内服。

8. 阿维菌素：按每千克体重 0.2 mg，一次皮下注射或内服。

9. 精制敌百虫：按每千克体重 50～70 mg，加水一次内服。

四、肺丝虫病

羊肺丝虫病是由丝状肺虫寄生于支气管内引起，成虫产卵于支气管或气管内，卵在肺内发育成含有幼虫的卵，在咳嗽时随着痰液到达口腔，然后再咽入消化道，一小部分虫卵可直接咳出体外发育为幼虫，在消化道内一部分含幼虫的卵可发育为幼虫，随粪便排到体外。幼虫在适宜的环境中发育为侵袭性幼虫。侵袭性幼虫爬上青草或进入水中，当羊吃了被污染的草或饮入被污染的水后，即受到感染。进入羊消化道的幼虫脱出囊鞘，钻到肠淋巴管，经肠系膜淋巴结进入血液，最后进入支气管内发育为成虫。再重复其生活史，扩大传染。病羊一般体温不高，病程较长，听诊肺部有湿啰音，而感冒、支气管炎炎症一般仅在大支气管，化验室粪便镜检可见到活动的幼虫。

（一）临床症状

病羊主要表现为支气管肺炎症状。病初干咳，以后逐渐变为湿咳，在运动后和夜间休息时咳嗽更为明显。在羊圈附近可以听到患羊呼吸困难，呼吸如拉风箱。鼻流黏性鼻液，听诊肺部有湿啰音，常并发肺炎。体温一般正常，严重时可上升到40℃以上，患病久的羊，表现食欲减退，身体瘦弱，被毛干燥而粗乱。喜卧地上，不愿行走。随着病势的发展，逐渐发生腹泻及贫血，眼睑、下颌、胸下和四肢出现水肿，最后由于严重消瘦而死亡。当虫体与黏液缠绕成团而堵塞喉头时，亦可因窒息而死亡。

（二）病理变化

尸体消瘦及贫血，主要病变在肺部。肺的边缘有肉样硬度的小结节，颜色发白，突出于肺的表面。肺的底部有透明的大斑块，形状不整齐，周围充血。支气管和气管内有黄白色或红色黏液，其中含有很多伸直或成团的虫体。支气管和气管的黏膜肿胀而充血，并有小点状出血。

（三）防治方法

放牧是引起该病的主要原因，舍饲后该病发生率将明显降低；青草要先晾晒后再饲喂，不饮污水；对粪便进行发酵处理，以杀死幼虫；每月驱虫，阿维菌素皮下注射0.2 mg/kg或0.6 mg/kg混饲。

五、羊疥癣

羊疥癣，主要由疥螨、痒螨和足螨三种寄生虫引起。特征是皮肤炎症、脱毛、奇痒及消瘦。在秋末、冬季和早春多发，阴暗潮湿、圈舍拥挤和常年的舍饲可增加发病概率和流行时间。

（一）临床症状

病初虫体刺激神经末梢，引起剧痒，羊不断地在围墙、栏杆等处摩擦。在阴雨天气、夜间、通风不良的圈舍病情会加重，然后皮肤出现丘疹、结节、水疱，甚至脓疮，以后形成痂皮或龟裂。患羊因终日啃咬和摩擦患部，烦躁不安，影响采食量和休息，日渐消瘦，最终极度衰竭而死亡。疥螨病一般开始于皮肤柔软且毛短的地方，如嘴唇、口角、鼻面、眼圈及耳根部，以后皮肤炎症逐渐向四周蔓延；痒螨病则起始于被毛稠密和温度、湿度比较恒定的皮肤部分，如绵羊多发生于背部、臀部及尾根部。

（二）防治措施

对新买的羊要隔离观察，并进行药物防治后再混群，及时发现病羊并隔离治疗。

（三）防治指南

选用阿维菌素、伊维菌素，每千克体重按有效成分 0.2 mg 口服或皮下注射，可于晚秋开始用药，每隔一个月用 1 次，连用 2～3 次。该病羊数量多且气候温暖时，用螨净水溶液进行药浴。气候寒冷发病少时，先用肥皂水软化痂皮，第二天用温水洗涤，再用克辽林擦剂涂擦患部。

六、肝片吸虫病

该病多发生在夏、秋两季，6～9 月为高发时期。羊吃了附着有囊蚴（虫卵→毛蚴→钻入椎实螺体内→胞蚴→雷蚴→尾蚴→从螺体逸出→囊蚴）的水草而感染，各种年龄、性别、品种的黑山羊均能感染，羔羊和绵羊的病死率高。常呈地方性流行，在湖区、沼泽和低洼地带放牧的羊群发病较严重。

（一）临床症状

精神沉郁，食欲不佳，可视黏膜极度苍白，黄疸，贫血。病羊逐渐消瘦，被毛粗乱，毛干易断，肋骨突出，眼睑、颌下、胸腹下部水肿。放牧时有的吃土，便秘与腹泻交替发生，拉出黑褐色稀粪，有的带血。病情严重的，一般经 1～2 个月后，因病情恶化而死亡，病情较轻的，拖延到次年天气回暖，饲料改善后逐渐恢复。

（二）诊断

可通过粪便检查的方法进行诊断，采取新鲜粪便 5～10 g，用尼龙筛淘洗法或反复沉淀法检出肝片吸虫卵，虫卵呈长卵圆形，金黄色，大小为（116～132）μm×（66～82）μm。再结合临床症状、流行病学、剖检及粪便检查等几方面综合判断。

（三）预防措施

1. 药物驱虫。肝片吸虫病的传播主要是源于病羊和带虫者，因此驱虫不仅是治疗病羊，也是积极的预防措施。关键在于驱虫的时间与次数。急性病例一般在 9 月下旬幼虫期驱虫，慢性病例一般在 10 月成虫期驱虫。所有羊只在每年 2～3 月和 10～11 月应有两次定期驱虫，10～11 月驱虫是保护羊只过冬，并预防羊冬季发病，2～3 月驱虫是减少羊在夏秋放牧时散播病源。最理想的驱虫药是硝氯酚，每千克体重 3～5 mg，空腹 1 次灌服，每天 1 次，连用 3 天。另外，还有联氨酚噻、肝蛭净、蛭得净、丙硫咪唑、硫双二氯酚等药物，可选择服用。

2. 粪便处理。圈舍内的粪便，每天清除后进行堆肥，利用粪便发酵产热来杀死虫卵。对驱虫后排出的粪便，要严格管理，不能乱倒，进行集中堆积发酵处理，防止污染羊舍和草场及再次感染发病。

3. 牧场预防

（1）选择高燥地区放牧，减少在沼泽、低洼潮湿地带放牧。

（2）轮牧。轮牧是防止肝片吸虫病传播的重要方法。可利用铁丝网围栏、河流、小溪、灌木、沟壕等把草场分成若干小区，每个小区放牧 30～40 天，按一定的顺序一区一区地放牧，周而复始轮回放牧，以减少肝片吸虫病的感染机会。

（3）放牧与舍饲相结合。在冬季和初春，气候寒冷，牧草干枯，大多数羊只消瘦、体弱，抵抗力低，是肝片吸虫病患羊死亡最高峰时期，因此在这一时期，应由放牧转为舍饲，加强饲养管理，以增强抵抗力，降低死亡率。

4. 饮水卫生。在发病地区，尽量饮自来水、井水或流动的河水等清洁的水，不要到低洼和沼泽地带去饮水。

5. 消灭中间宿主。消灭中间宿主椎实螺是预防肝片吸虫病的重要措施。在放牧地区，通过兴修水利、填平改造低洼沼泽地来改变椎实螺的生活条件，达到灭螺的目的。据资料报道，在放牧地区，大群养鸭，既能消灭椎实螺，又能促进养鸭业的发展，是一举两得的好事。

6. 患病脏器的处理。不能将有虫体的肝脏乱弃或在河水中清洗，或把清洗肝脏的水到处乱泼，而使病源人为地扩散，对有严重病变的肝脏应立即做深埋或焚烧等销毁处理。

七、羊鼻蝇蛆病

羊鼻蝇蛆病是羊鼻蝇幼虫寄生在羊的鼻腔或额窦里，从而引起慢性鼻炎的一种寄生虫病。羊鼻蝇成虫多在春、夏、秋出现，尤以夏季为多。成虫在 6～7 月开始接触羊群，雌虫在牧地、圈舍等处飞翔，钻入羊鼻孔内产幼虫。经 3 期幼虫阶段发育成熟后，幼虫从深部逐渐爬向鼻腔，当患羊打喷嚏时，幼虫被喷出，落于地面，钻入土壤中或羊粪堆内化为蛹，经1～2个月后成蝇。雌雄交配后，雌虫又侵袭羊群再产幼虫。

（一）临床症状

患羊表现为精神萎靡不振，可视黏膜淡红，鼻孔有分泌物，摇头、打喷嚏，运动失调，头弯向一侧旋转或发生痉挛、麻痹，听、视力降低，后肢举步困难，有时站立不稳，跌倒而死亡。

（二）防治措施

该病应以消灭第一期幼虫为主要措施。各地可根据不同气候条件和羊鼻蝇的发育情况，确定防治的时间，一般在每年 11 月进行为宜。

1. 4-溴-2-氯苯基口服

按每千克体重 0.12 g，配成 2%溶液，一次灌服。

2. 肌内注射

取精制敌百虫 60 g，加 95%乙醇 31 mL，在瓷器内加热溶解后，加入 31 mL 蒸馏水，再加热到 60～65℃，待药完全溶解后，加水至总量 100 mL，经药棉过滤后即可注射。剂量按羊体重 10～20 kg 用 0.5 mL；体重 20～30 kg 用 1 mL；体重 30～40 kg 用 1.5 mL；体重 40～50 kg 用 2 mL;体重 50 kg 以上用 2.5 mL。

3. 二氯乙烯基

（1）口服：按每千克体重 5 mg，每天 1 次，连用两天。

（2）烟雾法：常用于羊群的大面积防治，药量按熏蒸场所的空间体积计算，每立方米空间使用 80%敌敌畏 0.5～1.0 mL。吸雾时间应根据小群羊的安全试验和驱虫效果而定，一般不超过 1 小时为宜。

（3）气雾法：适合于大群羊的防治，可用超低量电动喷雾器或气雾枪使药液雾化。药液的用量及吸雾时间与烟雾法相同。

（4）涂药法：对个别良种羊，可在成蝇飞翔季节将 1%敌敌畏软膏涂擦在羊的鼻孔周围，每 5 天 1 次，可杀死雌虫产下的幼虫。

八、羊脑包虫病

羊脑包虫病又称脑多头蚴病、脑色虫病或“羊疯病”，多头蚴虫主要寄生在绵羊、黑山羊的脑脊髓内，引起脑炎、脑膜炎及一系列神经症状，是使羊致死的严重寄生虫病，它可危害牛、马、猪甚至人类。成虫则寄生于犬、狼、狐等肉食兽的小肠。该病散布于全国各地，多见于犬活动频繁的地方。因能引起患畜明显的转圈症状，又称为转圈病或旋回病。

（一）临床症状

该病寄生虫寄生在大脑前部，病羊则向前直跑，直至头顶在墙壁上，头向后仰；如寄生在脑室，则向后退；如寄生在大脑后部则头弯向背面；寄生在小脑，病羊知觉敏感，易惊恐，运动丧失平衡，四肢痉挛，身体不能保持平衡；寄生在脊髓，表现步伐不稳，甚至引起后肢麻痹。病羊食欲减退，甚至消失，由于不能正常采食和休息，体重逐渐减轻，显著消瘦、衰弱，常在数次发作后或陷于恶病质时死亡。发病前期病羔羊症状多为急性型。体温升高，脉搏加快，呼吸次数增多，出现神经症状，做回旋、前冲、退后动作等，似有兴奋表现。后期（2～6 个月），多头蚴发育至一定大小，病羊呈慢性症状，典型症状随虫体寄生部位不同而出现不同特征的转圈方向和姿势。根据临床症状即可做出诊断。

（二）防治指南

要根据虫体所在的部位实施外科手术，开口后，先用注射器吸出囊中液体，使囊体缩小，而后完整地摘除虫体。药物治疗可用吡喹酮，病羊每千克体重 50 mg，连用 5 天；或按每千克体重 70 mg，连用 3 天。周围饲养狗的，要定期给狗驱虫，消灭成虫，用硫双二氯酚，每千克体重 0.1 g；或氢溴酸槟榔素，每千克体重 1.5～2 mg，包在食物内喂服。驱虫期间将狗拴养 1 周，并将粪便深埋或烧掉。平时要保护好饲草、饮水，防止犬在草堆上躺卧而污染饲草。

第七节　黑山羊常见普通疾病诊治

一、羊支原体肺炎

羊支原体肺炎病原有两种，一是黑山羊丝状支原体，又名黑山羊传染性胸膜肺炎，只引起黑山羊发病，不引起绵羊发病；二是绵羊肺炎支原体，又名绵羊传染性胸膜肺炎，既可使绵羊发病，也可使黑山羊发病。

（一）临床症状

潜伏期 18～20 天。病初体温升高，精神沉郁，食欲减退。随即咳嗽，流浆液性鼻涕。4～5 天后咳嗽加重，干咳而痛苦，浆液性鼻涕变为黏脓性，常黏附于鼻孔、上唇，呈铁锈色。病羊多在一侧出现胸膜肺炎变化，肺部叩诊有实音区，听诊肺呈支气管呼吸音或摩擦音，触压胸壁，羊表现敏感、疼痛。病羊呼吸困难，高热稽留，眼睑肿胀，流泪或有黏液脓性分泌物，腰背拱起作痛苦状。怀孕母羊可发生流产。

（二）预防措施

1. 疫苗接种。羊传染性胸膜肺炎氢氧化铝疫苗，黑山羊、绵羊都可用，6月龄以上每只羊5 mL，6月龄以下每只羊3 mL，肌内注射，1年1次。

2. 从国外引进的良种羊要经过严格检疫、隔离观察后方可混饲。勿从疫区引进羊只。

3. 加强饲养管理。定期进行羊舍内外消毒。羊群发病，及时进行封锁、隔离和治疗。污染的场地、羊舍、饲喂用具以及粪便，病死羊的尸体等进行彻底消毒或无害化处理。

（三）防治指南

1. 阿奇霉素：成年羊用量为每千克体重5 mg，肌内注射，每天1次，连用5天。

2. 泰乐菌素：成年羊1次10 mL，肌内注射。

3. 替米考星：每千克体重10 mg，皮下注射。

4. 氟苯尼考：成年羊1次10 mL，肌内注射。泰乐菌素与之联用，上午用泰乐菌素，下午用氟苯尼考，治疗黑山羊支原体肺炎，治愈率达90%以上。

5. 恩诺沙星：每千克体重10～12 mg，混于病羊日粮中饲喂。效果明显，1周后咳嗽减轻，2周后咳嗽停止。

6. 新胂凡钠明：每千克体重10 mg，用生理盐水配成10%的注射液，静脉注射。4天后重复使用1次，用量相同。药物治疗效果往往不够理想，可试用支原净，口服剂量为每千克体重25～50 mg，7天为一个疗程，隔7天再服一个疗程。

二、羊咽炎

羊咽炎又称咽峡炎或扁桃体炎，是咽黏膜、软腭、扁桃体及其深层组织炎症的总称。原发性病因是机械性、温热性和化学性刺激；一般是羊受寒、感冒、机体防卫功能减弱时，链球菌、大肠杆菌、巴氏杆菌、坏死杆菌以及沙门菌等条件致病菌发生感染时发生。咽炎常伴随重症口炎、食管炎、喉炎、流感、炭疽、巴氏杆菌病和口蹄疫等传染病。

（一）临床症状

病羊头颈伸展，吞咽困难，流涎、呕吐，流出混有食糜、唾液污秽的鼻液，严重的病羊有液体和食物从鼻孔回流。咽部触诊时，病羊表现疼痛不安。蜂窝织性和格鲁布性咽炎，伴有发热等症状。慢性咽炎，病程长，有咽部触痛等刺激症状。羊咽炎的综合征多为急性发作和局部疼痛，而无全身症状。

（二）预防措施

防止受寒、感冒，加强饲养管理，避免条件致病菌的侵害。

（三）防治指南

发病初期，对咽部先进行冷敷，后热敷，每天 2～4 次，每次 20～30 分钟，也可用乙醇、鱼石脂软膏或止痛消炎膏涂布。

重度咽炎，宜用 10％的青霉素溶液 10～20 mL 进行静脉注射，同时用青霉素进行肌内注射，每天 2 次，连用 3～5 天。或用 0.25％普鲁卡因溶液和青霉素，进行咽部封闭，效果很好。

三、山羊瘤胃积食

山羊瘤胃积食是因饲养不当所引起的。黑山羊采食过量粗劣难消化的饲草，缺乏饮水，引起饲料膨胀超过正常容积，食物积滞于瘤胃内，致使瘤胃胃壁扩张、体积增大，引起瘤胃运动功能障碍和严重消化不良的疾病。当饲养管理不当，环境卫生条件差，黑山羊产生应激反应，也能引起瘤胃积食。舍饲育肥的黑山羊最易发生此病，特别是老龄体弱的黑山羊较多见，此外前胃弛缓、创伤性网胃炎、瓣胃阻塞、真胃阻塞、真胃炎等疾病也会导致瘤胃积食的发生。

（一）临床症状

以瘤胃坚硬，反刍、嗳气停止，疝痛，瘤胃蠕动音微弱或消失为特征。发病较快，病初食欲减退，反刍、嗳气均减少或停止，鼻镜干燥，排粪困难，粪便干黑。通常有腹痛表现，不愿走动，摇尾拱背，回头顾腹，后蹄踏地，咩叫。后期精神萎靡，食欲废绝，反刍、嗳气消失，母羊泌乳停止，四肢颤抖，卧地不起，呈昏迷状态。病羊有偷食或过量采食饲料的情况。触诊瘤胃胀满、坚硬，并留有压痕，不能很快复原。视诊左侧腹下轻度膨大，左肷窝部略平或稍凸出。听诊时瘤胃蠕动音减弱或消失。一般体温不高。

（二）防治措施

1. 预防瘤胃积食，主要是加强饲养管理，避免羊过量采食，给予精料饲喂时，要按日粮标准饲喂。减少外界环境的不良应激因素及其影响。注意充分饮水、适当运动。

2. 发病初期禁食1～2天，不限制饮水，在饮水后，进行瘤胃按摩，每次20分钟，以促进瘤胃的运动功能。

3. 清肠消导，用硫酸钠或硫酸镁80～100 g，液状石蜡或植物油200 mL，番木鳖酊15～20 mL，龙胆酊20～50 mL，混合后加温水500 mL，一次灌服，每天1次，连用2～3天。

4. 5%葡萄糖200 mL，5%碳酸氢钠100 mL，静脉注射。

5. 中药治疗：郁李仁20 g，麻仁30 g，枳实8 g，厚朴8 g，大黄20 g，芒硝50～100 g，牵牛子12 g，槟榔5 g，神曲9 g，食盐60 g，煎水或共研细末，用食油或液状石蜡120 mL，开水冲调，候温喂羊。

6. 手术：当使用以上方法治疗效果不佳时，应及早考虑施行瘤胃切开术，取出瘤胃内容物，并用1%温食盐水冲洗。

四、羊瘤胃酸中毒

黑山羊瘤胃酸中毒又称乳酸中毒，是黑山羊采食过量谷物饲料或其他富含碳水化合物的饲料，特别是加工成粉状的饲料，在瘤胃内发酵产酸，导致瘤胃内乳酸增多，引起机体吸收大量乳酸，瘤胃中革兰菌大量崩解放出内毒素等有害物质，进而导致以前胃功能障碍和微循环衰竭为主要特征的一种急性代谢性酸中毒。危险性较高。草料任其采食，过食生面团，各种块根如萝卜、甜菜根，或突然改变饲料，特别是以饲喂牧草为主的黑山羊，突然改喂富含碳水化合物较多的精料，或天气突变，黑山羊处于应激状态等都可致病。

（一）临床症状

临床以毒血症、严重脱水、消化障碍，瘤胃运动停滞、高乳酸血症以及高死亡率为主要特征。一般在采食过量谷物饲料后24小时内发病，病程发展较快。病羊精神沉郁，不愿走动，食欲废绝，反刍停止，胃肠蠕动消失，强迫运动时，步态不稳，喜卧。病羊目光呆滞，粪便稀软、酸臭，眼球下陷，结膜潮红或发绀。口腔黏膜红而干燥，少数病羊心跳加快，呼吸急促，有时出现张口、伸舌、气喘。严重病羊极度痛苦，呻吟，拱背，卧地不起，昏迷死亡。采食较多的急性病例，病程发展更快，若不急救，常于4～6小时死亡。采食较少的可能耐过，如病期延长，多数死亡。

（二）预防措施

主要是加强饲养管理，每天每只黑山羊补饲谷物精料应控制在1 kg以内，黑山羊羔玉米面的日饲喂量不宜超过每千克体重10 g，并分2次以上喂给。黑山羊催肥时，精料要逐渐增加，使之有一个适应过程。阴雨天或农忙季节，粗饲料不足或放牧时间较短，更要注意严格控制精料的喂量，防止偷食。

（三）防治指南

该病的治疗原则：排出胃内容物，中和酸度，补液强心，纠正酸中毒，提高肝脏解毒能力，恢复胃肠功能。

1. 瘤胃冲洗法。方法是用开口器张开口腔，再用胃导管经口腔插入胃内，排出瘤胃内容物，并用清石灰水（生石灰 1 kg，加水 5 kg，充分搅拌，取上清液备用）1000～2000 mL 反复冲洗，直至胃液呈弱碱性为止，最后再灌入清石灰水 500～1000 mL。

2. 瘤胃切开术。当瘤胃内容物较多，且冲洗法无法排出时，可采用瘤胃切开术。将瘤胃内容物取出，并用清石灰水反复冲洗。

3. 补液强心，纠正全身酸中毒。采用上述方法后，用 5%葡萄糖生理盐水 1000 mL，5%碳酸氢钠 200 mL，10%安钠咖 5 mL，混合，一次静脉注射。补液量应视脱水程度而定，必要时，一天可补液数次。

4. 控制和消除炎症。可用庆大霉素、小诺霉素、四环素、青霉素、链霉素、环丙沙星等抗生素药物。

5. 对症疗法。如出现兴奋不安可使用镇静剂；继发前胃弛缓可用油类泻剂等；对严重脱水，卧地不起者，在排出瘤胃内容物，经石灰水冲洗后，视病情变化，随时采取对症疗法。

五、羊胃肠炎

饲养管理不当是引发该病的主要原因，如采食了大量的冷冻或发霉的饲草、饲料以及有毒植物、化学药品，或误食了农药处理过的草料等都可致病。另外，某些传染病、寄生虫、胃肠病都可继发肠炎。

（一）临床症状

病羊食欲减退或废绝，口腔干燥发臭，粪中有时混有血液及坏死的组织片。由于腹泻下痢，可引起腹水。当病羊虚脱时则不能站立，呈衰竭状态。继发性胃肠炎，首先会出现原发病症状，然后再呈现胃肠炎症状。

（二）预防措施

采用科学的饲养管理措施。不喂霉烂变质和冷冻饲料，饲喂定时、定量，饮水应清洁、干净，保持羊舍内卫生、干燥、通风。

（三）防治指南

1. 人工盐 15 g，液状石蜡 30 mL，成年羊一次内服。

2. 磺胺脒 0.25 g×8 片，小苏打 0.3 g×8 片，加水内服。

3. 青霉素、链霉素各 80 万 U，一次肌注，每天 2 次，连用 5 天。

4. 当脱水时，先用糖盐水 200 mL 补充体液，然后用 10%安钠咖 2 mL，一次静脉注射。

六、羊子宫内膜炎

子宫内膜炎是黑山羊产后子宫内膜引发的急性炎症，常于分娩后发生，因难产、胎衣不下、子宫脱出、子宫复旧不全、流产、死胎滞留在子宫内等，微生物乘机侵入而致。曾患过布氏杆菌病、沙门菌病及其他侵害生殖道的传染病或寄生虫病的母羊，由于分娩后抵抗力降低或子宫损伤，则由原来潜在的子宫黏膜的慢性炎症加剧，转变为急性炎症而表现出来。

（一）临床症状

病羊精神沉郁，体温升高，食欲减退或废绝，反刍减弱或停止，轻度鼓气，拱背、努责，从阴门排出黏性或黏液脓性分泌物，严重时分泌物呈暗红色或棕色，且有臭味，尤其卧下时排出较多。若不及时治疗或治疗不当，可转变为慢性，常继发子宫积脓、积液、子宫与周围组织粘连、输卵管炎等，以致发情期紊乱，屡配不孕或受孕后又流产。

（二）预防措施

分娩时要严格消毒，对原发病要及时治疗。

（三）治疗方法

为消除炎症，可用氨苄青霉素钠肌内或静脉注射，每次用量为每千克体重 2～7 mg，每天 1～2 次。也可用多西环素静脉注射，每次用量为每千克体重 1～3 mg，每天 1 次。同时用磺胺甲基异噁唑内服，首次量为每千克体重 0.1 g，维持量为 0.05 g，每天 1～2 次。为了促进子宫收缩和增强子宫防御功能，排出子宫腔内的渗出物，可用缩宫素（催产素）皮下或肌内注射，每次用量为 10～50 IU。为了改善全身状况，增强心脏活动，促进子宫收缩和复原，排出子宫腔内的渗出物，可以用 10%葡萄糖酸钙注射液静脉注射补钙，每次用 50～150 mL。也可用 5%氯化钙注射液静脉注射，每次用 20～100 mL，但对心脏极度衰弱的病羊不宜补钙。一般不进行子宫冲洗，对全身症状严重者更要禁止冲洗，以免引起子宫弛缓和感染扩散。

七、母羊繁殖障碍

母羊繁殖障碍主要表现为黑山羊不孕，即黑山羊体成熟后达到繁殖年龄或分娩后经过一定时间不能正常受胎则称为不孕症。

（一）临床表现

1. 性周期不规则，即发情周期少于14天或超过30天以上仍不发情。

2. 经产母羊空怀天数超过90天。

3. 后备母羊配种5次以上情期不能怀孕或空怀年龄超过20月龄，30月龄后仍不能投产的。

（二）防治措施

要治疗或防止母羊不孕，首先必须对母羊进行检查，并了解不孕的原因。有针对性地进行治疗。

（三）临床检查

1. 母羊的外阴部检查：主要检查外生殖器官的大小、形状，阴部有无炎症，有无炎性分泌物流出。

2. 阴道检查：视诊和触诊，用开膣器打开阴道，触诊阴道软硬度，注意子宫颈的位置，观察阴道内有无脓液、血液及其他炎性分泌物。

3. 直肠检查：经验丰富者以食指插入羊直肠，隔着直肠壁探查卵巢、子宫等的情况。

4. 卵巢：注意卵巢大小、形状、质地，同时要考虑性周期的变化。

5. 输卵管：正常的输卵管纤细、弯曲、滑动，须仔细触摸方可感觉到，如变硬、变粗即表示发生病理变化。

6. 子宫：注意其位置、形状、质地、大小。正常时触诊未孕子宫有收缩反应，发情的则有弹性，若发生疾病时，则收缩反应弱或全无收缩反应。

7. 子宫颈：注意粗细、软硬度、有无炎症等，特别是经产母羊常因慢性炎症而使结缔组织增生，变粗变硬。

（四）问诊

1. 母羊产乳量及饲养管理等情况，特别是饲料的配合、各成分比例等。

2. 了解母羊过去的繁殖情况。如产后发情时间、产羔间隔期、产后情况。

3. 了解不孕母羊的家族史，可判断是否为遗传因素引起。

4. 了解母羊发病情况，尤其是生殖器官等疾病的情况。

5. 了解精液活力、精子质量等情况。

（五）查清原因

1. 人为因素。包括人工授精技术不良、未适时配种、配种时消毒不严格造成输精器械及子宫的污染等（系统性污染），近亲繁殖，精子污染，饲养管理差、饲料配合单一。

2. 繁殖器官与功能障碍因素。包括产羔子宫污染、子宫复位不全等。

3. 传染性疾病，如布氏杆菌、结核病等。

4. 其他因素。有的由于卵细胞发育或排卵障碍造成；有的是因为精液质量太差，精子密度不够，有效精子数不够而造成；有的是精子与卵子的结合发生障碍，如卵管炎、未适时输精、子宫炎等；有的是因受精卵附着发生障碍，如子宫发育不良、子宫内膜炎等造成。或机体衰老或生理功能下降等。

（六）具体措施

根据以上不同原因造成不孕采取不同的针对性防治措施，疾病引起的采用药物治疗的方法；营养性不孕症采取补充营养，加强运动的措施；管理不当造成的不孕应当改善饲养条件，促进生殖功能的恢复。具体防治措施如下：

1. 卵巢功能衰退，卵巢静止、幼稚；久不发情、性功能衰退，卵巢萎缩。卵巢功能暂时性扰乱，性周期长，严重时卵巢明显萎缩硬化，子宫收缩力减弱，泌乳明显下降。治疗：主要刺激羊只性功能的恢复。①己烯雌酚 10～15 mL 肌注，每 2 天 1 次，连用 3 次，6 天后如无性欲，可用绒毛膜促性腺激素 200～500 U 肌注；②促卵泡生成素 100～200 U，每天 1 次肌注，连续 2～3 次，发情后可用促黄体生成素 100～200 U 肌注；③孕马血清促性腺激素 200～500 U 肌注；④三合激素，每 10 kg 体重 1 mL 肌注；⑤中药：当归 40g、菟丝子 40 g、枸杞 50 g、益母草 20 g、阳起石30 g、补骨脂 10 g、藕节 5 个、甘草 50 g、红糖 50 g，煎服，每天一剂，连续 3 天。

2. 持久黄体：性周期或分娩后的卵巢中黄体超过 25～30 天，主要原因在于运动不足；饲料单一，缺乏维生素；子宫炎，子宫内积脓液、死胎、产后子宫复旧不全或胎衣滞留等造成性周期停止，母羊不发情，个别母羊出现很不明显的发情。治疗：①肌注促卵泡生成素 100～200 U，每 2 天 1 次，连续 2 次；②三合激素，每 10 kg 体重 2 mL 肌注；③用前列腺素

5 mL 加 20 mL 生理盐水灌注子宫；④用氦氖激光照射交巢穴，每次 10 分钟，连续 3 天，每天一次。

3. 卵巢囊肿：分为黄体囊肿和卵泡囊肿。卵泡囊肿病母羊频频发情，外阴部下垂，充血，卧地时外阴门张开，伴随流出透明的分泌物，性情粗野，严重时叫声变粗，好似公羊声，频频爬跨，频频排尿，尾部出现凹陷，每次发情期 6～8 天，直肠检查时患侧卵巢肿大，卵泡皮厚富有弹性，摸到实质部，有卵泡液波动。治疗：①黄体酮 50～100 mg 肌注，每天一次，连续 3 天；②促黄体生成素 100～200 U，肌注 3 次；③绒毛膜促性腺激素加 30 mL 生理盐水每天冲洗子宫，连续 3 天。

4. 黄体囊肿：是由于未经排卵的卵泡壁上皮黄体形成的囊肿。其症状为：完全停止发情，卵巢上黄体块突出，且富有弹性。治疗：子宫内用前列腺素 5 mg 加生理盐水 20 mL 冲洗，注射绒毛膜促性腺激素 200～500 U，用针刺法去除囊液。

5. 子宫疾病：包括子宫复位不全与子宫内膜炎。子宫复位不全的病因：难产、子宫脱出，胎衣不下，羊水过多，胎儿过大，多胎引起，妊娠期及产后缺乏运动。产后恶露滞留或排出时间延长，子宫颈在产后 1～2 周以上仍开放，恶露从浅红色渐渐变成黏液性。治疗：①补液结合抗生素治疗；②垂体后叶素 50～100 U 肌注；③土霉素粉 10 g 加蒸馏水 50 mL 灌注；④柠檬酸 3 g、碳酸氢钠 3 g、土霉素 2 g，制成泡沫剂冲洗子宫。子宫内膜炎：母畜的发情周期及发情表现正常，指检时触诊子宫较肥厚，阴道中存有从子宫分泌的稍浊的黏液状炎性分泌物。治疗：用 1%的土霉素 100 mL，0.05%～0.1%高锰酸钾溶液 50 mL 反复冲洗，冲洗后子宫内放入土霉素胶囊 3 g，效果更好，对不明显的子宫炎，可在配种前 1～2 小时用 80 万 U 青霉素和 100 万 U 链霉素加 5～10 mL 生理盐水冲洗，然后配种。

6. 反复输精产生免疫而造成不孕：由于精子具有抗源性，多次重复交配和反复输精会引起母羊体内滴度升高，每输精一次，羊体血清与精子凝集就增高。治疗：①对产后子宫复旧不全或母羊有病者不输精；②对于 4 个情期输精不孕时，在以后 2 个性周期内不输精；③用 2.9%柠檬酸钠精液稀释液 20 mL 加 80 万 U 青霉素，一天一次冲洗子宫。

第八节　黑山羊常见中毒性疾病诊治

一、中毒原因

1. 饲料中毒：饲喂了发生霉变的玉米、稻谷、红薯、马铃薯、萝卜、白菜等引起中毒。

2. 农药中毒：饲喂或放牧时，误吃了刚喷过农药或残留农药的牧草、蔬菜等引起中毒。

3. 植物中毒：放牧时，吃了巴豆、闹羊花等植物引起中毒。

4. 药物中毒：注射药物时，超剂量或误用引起中毒，有机磷、砷、汞等化学药物引起中毒。

5. 毒蛇、毒虫咬伤中毒。

二、中毒防治原则

（一）中毒的治疗

尽快促进毒物排出，应用解毒剂，实施必要的全身治疗和对症治疗。在毒物性质未明确之前，可采用通用解毒剂；当毒物种类已经或大体明确时，可采用一般解毒剂和特效解毒剂。

1. 通用解毒剂。活性炭 2 份、氧化镁 1 份、鞣酸 1 份，混合均匀。每只羊 20～40 g，加水适量灌服。其中活性炭可吸附大多数毒物；氧化镁可中和酸类毒物；鞣酸可使生物碱、某些苷类和重金属盐类沉淀。因此，通用解毒剂对一般毒物都有一定解毒作用。

2. 一般解毒剂。适用于毒物在胃肠内未被吸收时，包括中和解毒、沉淀解毒和氧化解毒。

3. 特效解毒剂。有机磷农药中毒用解磷定，亚硝酸盐中毒用亚甲蓝，砷中毒用二巯基丙醇等，其用法用量详见使用说明书。尽快促进毒物排出，减少毒物吸收并解毒。

4. 洗胃。食后 4～6 小时，毒物尚在胃内，可用温水或生理盐水（毒物明确时，可加适当解毒剂），插入胃管反复洗出瘤胃内容物，必要时可施行瘤胃切开术洗胃。

5. 轻泻或灌肠。中毒发生时间较长，大部分毒物已进入肠道，宜用泻剂和灌肠，一般用盐类泻剂并配合活性炭或另灌淀粉浆，以吸附毒物，保护肠黏膜，阻止毒物吸收。用温水深部灌肠，也可促进毒物排出。

6. 放血和利尿。毒物已吸收入血时，可根据羊的体质，放血 100～200 mL，或内服利尿剂 1～2 g，以促进毒物排出。

（二）中毒的预防

1. 认真执行饲养管理等有关制度，了解可能引起中毒的各种因素。

2. 农药及剧毒药品必须严加保管。

3. 饲喂牧草之前应先了解是否有毒。舍饲期间应考虑饲料种类，不要用不适宜的饲料喂羊。

三、亚硝酸盐中毒

亚硝酸盐中毒主要是由饲料、饮水或化肥中硝酸盐被微生物还原为亚硝酸盐而发生。当羊只采食了富含硝酸盐的饲料，或饮入含硝酸盐成分较高的饮水，以及误食硝酸铵、硝酸钾等化学肥料，被瘤胃微生物还原为亚硝酸盐而中毒。其次，青饲料因堆积贮放或调制不当而发热、腐烂，在微生物的作用下，饲料中的硝酸盐转化为亚硝酸盐，饲喂羊只，导致亚硝酸盐中毒。

（一）临床症状

发病迅速，一般在采食后半小时左右突然发病。病初出现烦躁不安，食欲废绝，口流白沫，呼吸迫促，心跳加快，心律不齐，可视黏膜发绀。继之，体温下降，皮肤有冷感，可视黏膜发绀，呈蓝紫色，腹痛、腹泻、腹胀、多尿，运动失调，肌肉震颤。后期全身无力，卧地不起，呼吸困难，瞳孔散大，角弓反张，或四肢做游泳样动作，麻痹、昏迷。在极度呼吸困难时，病羊挣扎嘶叫，迅速窒息死亡。此外，亚硝酸盐在体内可透过胎盘屏障，少量多次地进入羊胚，可引起妊娠母羊流产，造成死胎、弱胎。血液呈棕褐色或酱油色（这是与氰化物中毒鉴别的主要标志），不凝固。肝脏肿大，肺充血、出血、水肿，心外膜有出血点。胃黏膜充血、出血，易脱落。

（二）防治措施

1. 为预防该病的发生，不要大量给予含硝酸盐多的青绿饲料或饮水。

2. 割回的青饲料要摊开敞放，青贮饲料在喂前应从青贮池中拿出放置一夜（暴露在空气中）。

3. 不要在刚施用过硝酸盐化肥的地方放牧。硝酸盐化肥应有专人保管，防止羊只误食。

4. 亚甲蓝对亚硝酸盐中毒有特殊疗效，常用其1%溶液（取亚甲蓝1 g,溶于10 mL纯乙醇中，再加灭菌生理盐水100 mL)，按每千克体重0.1~0.2 mL，静脉注射。但须注意只宜用低浓度的溶液。

5. 甲苯胺蓝治疗亚硝酸盐中毒，效果比亚甲蓝更佳，其还原高铁血红蛋白的速度，比亚甲蓝快37%。常以5%溶液按每千克体重0.5 mL，静脉注射，也可作肌内或腹腔注射，作用迅速，且无副作用。

6. 维生素C与亚甲蓝合用，达到彻底解毒的目的。一般用维生素C 0.1~0.5g，加入50%葡萄糖溶液200~300 mL，静脉注射。也可将亚甲蓝、维生素C和葡萄糖三者合用，效果良好。

7. 当心功能不全时，可应用强心剂安钠咖、樟脑磺酸钠等。可内服液状石蜡或黏浆剂，以吸附毒物，并保护胃肠黏膜。

四、有机磷中毒

黑山羊有机磷中毒一般是误食喷洒过农药的饲草或应用敌百虫驱除寄生虫时过量。

（一）临床症状

突然发病，首先表现不安、跳跃、冲撞等狂躁症状。流涎、流泪，口角有白色泡沫，食欲废绝，空嚼、咬牙。瞳孔缩小，视力减退或消失，眼球颤动，结膜充血或发绀。心跳增快，心律不齐，心音混浊，脉细弱，末梢部位冰冷。呼吸快而浅，体温一般正常。瘤胃蠕动减弱，但肠音亢进，并频频排出稀便，伴随不同程度的腹泻或水泻，偶见粪便中带有血液。严重时，呼吸困难，肌肉痉挛及震颤，步态踉跄，共济失调，粪尿失禁。晚期发生脑水肿，出现癫痫样抽搐，脉搏、呼吸减慢，昏迷卧地不起，全身麻痹，最后多由于心肺麻痹而死亡。剖检可见胃肠黏膜充血、出血、肿胀，黏膜易剥离或脱落。胃内容物有大蒜味。心内膜有出血点或血斑，有的心肌出血。肝、脾、肾肿胀，切面紫红色，层次不清，肺水肿、充血或出血，气管、支气管内有白色泡沫，全身浆膜下有点状出血。

（二）预防措施

1. 农药的保管、数量、运输和使用，由专人负责，农药及其包装物不让黑山羊接触，严防其误食、舔食。

2. 饲养用具不用来调制农药。

3. 药浴驱虫应严格掌握溶液剂量、浓度。

4. 不在喷洒过农药不久的草地、田头放牧，不在污染的河边、池塘边饮水。

（三）防治措施

发病后应及时采取以下方法进行抢救：

1. 皮肤接触有机磷毒物发生中毒（如药浴或大面积皮肤驱虫，由皮肤吸收所引起者），可用温水彻底清洗。用低浓度的碳酸氢钠溶液冲洗，可减轻机体的毒性反应。但敌百虫中毒忌用碱性溶液洗涤，因遇碱后，敌百虫可转化为毒性更强的敌敌畏。对于乙基对硫磷（1605）中毒忌用高锰酸钾溶液洗涤，因为乙基对硫磷（1605）可被氧化成毒性更强的对氧磷。

2. 排出胃内毒物。由消化道食入毒物，应尽快洗胃或灌服盐类泻剂，排出胃内毒物。忌用植物油或其他油类泻剂。

3. 及时应用特效解毒药物。常用药品有两类：一类是抑制自主神经性药物（即胆碱能神经抑制剂），如阿托品；一类是胆碱酯酶复合剂，如解磷定、氯磷定、双复磷。两类解毒药物，应同时应用，而且越早越好。阿托品按每千克体重 1.0 mg，用其 1/3 量稀释为 2%溶液，缓慢静脉注射，其余 2/3 量作皮下注射，注射后观察瞳孔变化，若无明显好转，20 分钟后用 2～4 mg 一次皮下重复注射，直到瞳孔散大，逐渐清醒，症状显著减轻或消失，方可停止用药。解磷定或氯磷定按每千克体重 1.0 g，用生理盐水配成 2.5%～5%水溶液作静脉注射（氯磷定也可作肌内或皮下注射），以后每 2 小时 1 次，剂量减半。双复磷疗效较佳，按每千克体重 20 mg，使用方法同上。

4. 脱水。对于脑水肿出现癫痫样抽搐，共济失调，可使用甘露醇、高渗葡萄糖溶液，快速静脉注射脱水。

5. 补液强心，解毒保肝。常用葡萄糖生理盐水、复方氯化钠溶液或高渗葡萄糖溶液作静脉注射。

6. 对症治疗。当心功能不全时，可应用强心剂如安钠咖、樟脑磺酸钠等；当呼吸衰弱时，可应用尼可刹米等。在治疗期间，当病羊流涎吐沫停止，瞳孔散大，呼吸症状减轻和抽搐痉挛消失，是药物奏效的标志，然后根据全身其他情况应继续治疗（强心、利尿、健胃等）。

五、闹羊花中毒

黑山羊放牧时误食闹羊花，出现泡沫状流涎，呕吐，精神稍差，四肢叉开，步态不稳。严重者四肢麻痹，有喷射状呕吐、卧地不起、昏迷等症状。

（一）临床症状

病羊行走不稳、羊口腔不断吐出黄绿色草汁液，咀嚼磨牙，体温正常，病重羊卧地不起，需及时抢救。

（二）防治措施

1. 皮下注射1%硫酸阿托品。

2. 肌内注射10%樟脑磺酸钠。

3. 重者静脉注射葡萄糖生理盐水，加维生素C。

4. 用松针煎汁或豆浆500 mL，加入2个鸡蛋清，灌服，一般都能痊愈，重病羊需静脉注射葡萄糖生理盐水500 mL，加维生素C。

六、尿素中毒

利用尿素或氨水、铵盐加入日粮中以代替蛋白质来饲喂牛、羊等反刍动物，当日粮中配制过多的尿素，或虽然尿素水平适当，但其混合不均匀，都会引起尿素中毒。此外，黑山羊饮水不足，体温升高，肝功能障碍，瘤胃pH值增高，以及处于应激状态等，也可增加其对尿素的敏感性而易中毒。

（一）临床症状

症状常在摄入尿素或采食氨含量过多的饲料后30～60分钟内发生。主要是对神经系统的损害和对胃肠道的刺激。初期病羊呕吐、空嚼、磨牙、瘤胃鼓气、停食、过度流涎，口角有大量白色泡沫，口腔黏膜发炎、脱落、糜烂。呻吟不安、腹痛、出汗，皮温不整，末梢部位冰凉。结膜发绀，喉头发鼾声，鼻孔开张流泡沫，呼吸困难。心跳亢进，脉搏快而弱，有时达140次/min。运动共济失调，鼻唇痉挛，肌肉震颤，卧地后眼球震颤，并发展为严重抽搐，而且程度不断地加深，呈强直性痉挛。严重的病羊，出现昏迷，体温下降，眼球突出，瞳孔散大，全身痉挛，最后窒息死亡。死亡通常在中毒后几小时发生。

（二）病理变化

为血凝固不全，口黏膜充血，胃肠道黏膜充血、出血、水肿、糜烂，胃内容物黄褐色有刺鼻的氨味，呈急性卡他性胃肠炎病变。肺呈支气管炎病变，支气管周围及肺泡充血、出血、水肿。鼻、咽、喉、气管充满白色泡沫。肾肝瘀血，肿大，呈紫黑色。胆囊壁水肿，黏膜瘀血，胆汁稀薄。心外膜、心包膜有弥散性出血。中枢神经系统有出血和退行性病变。肠系膜、肝门淋巴结肿大，呈灰白色。

（三）防治措施

1. 在中毒初期，为避免氨吸收产生碱血症及碱中毒的加重，可投服酸化剂。如稀盐酸（或盐酸乙烯二胺）2～5 mL，乳酸 2～4 mL（加常水200～400mL）或食醋 100～200 mL，一次灌服，以降低瘤胃 pH 值，限制尿素连续分解为氨，直至症状消失为止。

2. 静脉注射 10％葡萄糖 500 mL，10％葡萄糖酸钙 50～100 mL，20％的硫代硫酸钠溶液 10～20 mL，可收到较好效果。也可用 25％硼酸葡萄糖酸钙溶液 100 mL 静脉注射，或氯化钙、氯化镁、葡萄糖等份混合液静脉注射。

3. 瘤胃鼓气严重时，可行瘤胃穿刺术，以缓解呼吸困难。

4. 在中毒症状好转后，应用抗生素，防止继发感染。

5. 平时应防止羊只误食尿素及其含氮化肥。

6. 使用尿素补饲时，必须将尿素溶解与饲料充分调匀。饲喂量由少量逐渐增加，10～15 天逐渐达到标准定量。

7. 尿素在羊只精料或氨化饲料中的含量应控制在 3％以内。

七、氢氰酸中毒

氢氰酸中毒是黑山羊通常因喂食大量富含氰苷糖苷的饲料如高粱、玉米幼苗等而引起的中毒。刈割后的再生苗毒性尤高。

（一）临床症状

中毒常呈急性或最急性，快者在半小时内死亡。一般由兴奋、呼吸困难并立即转入脉搏徐缓，瞳孔扩大，眼球震颤，肌肉痉挛和惊厥而死亡。

（二）预防措施

少喂含氰苷糖苷的饲料和不在富含氰苷糖苷植物的地区放牧等。

（三）防治措施

可静脉注射亚硝酸钠和硫代硫酸钠溶液。

八、毒蛇咬伤

黑山羊因放牧被毒蛇咬伤，蛇毒进入机体所引起的一种中毒性疾病。黑山羊夏秋季咬伤较多，常于放牧中发生。

（一）临床症状

临床上以运动和呼吸麻痹，全身出血和心脏衰竭为主要特征。黑山羊常被毒蛇咬伤头部（唇、下颌）、颈部或四肢，被咬伤处出血、红肿、发热、剧痛，并很快扩展到其他部位。咬伤处发生坏疽，形成大溃疡。

1. 如为神经毒，病羊全身症状剧烈，局部肿胀。首先被咬伤处出现局部感觉消失，对捏夹或针刺等刺激没有反应，表现不安和兴奋，四肢无力，流涎，吞咽和呼吸困难，瞳孔散大，心律不齐，脉搏不整，全身出汗，皮肤发凉，肌肉震颤、抽搐和惊厥，呆立不动或卧地不起，发生虚脱。后变得安静以至沉郁，运动失调。最后导致心脏、呼吸麻痹，昏睡而死。

2. 如为出血毒，被咬伤处发热、红肿较为剧烈，甚至发紫坏死，并很快扩展到其他部位，肿胀区的中心有毒牙咬伤的痕迹，伤口有滴血现象，渗出的血液不凝。病羊呻吟不安，全身痉挛，皮温不整，流涎，呼吸促迫，脉搏加快，心音增强。病羊衰弱，卧地不起，最后因心力衰竭、中枢神经麻痹，多在24～30小时内死亡。

（二）病理变化

尸僵缓慢，血凝不良，患部附近淋巴结肿大或发生淋巴结炎，皮下组织呈浆液性浸润，肌肉坏死或呈熟肉状。心肌松弛、变软，呈熟肉样。肺充血水肿，并有小点出血。脾充血肿大。

（三）预防措施

在毒蛇为害地区，要把栏舍周围的杂草、瓦块清除干净，堵塞空洞，使蛇无藏身之地。消灭牧场老鼠可间接减少毒蛇危害。放牧时，要在带头黑山羊颈部戴上响铃或放牧员不时打响牧鞭以惊走毒蛇，确保羊群安全。要向放牧员普及防治毒蛇咬伤方面的知识，并配备必要的急救药品。

（四）防治措施

被毒蛇咬伤后，应迅速采取急救措施，清除和破坏蛇毒，尽可能地减少机体对蛇毒的吸收或减缓吸收的速度。

1. 阻止毒素扩散蔓延。立即在伤口的上端（近心端）绑扎，防止毒素向心脏和中枢扩散蔓延。切开伤口，挤出毒汁，或用拔火罐吸出毒素。或用粗针头在肿胀处进行点状戳刺，排出淡黄色的液体或血水。若肿胀蔓延时，可继续戳刺，并用双氧水冲洗伤口。

2. 破坏毒素。可在伤口周围组织，多点状注射氧化剂，如3％双氧水、2％碘酊、1％高锰酸钾溶液、2％漂白粉液，以破坏其毒素。

3. 封闭。用0.25％普鲁卡因20 mL稀释青霉素80万U，加胰蛋白酶2000～5000 U，在肿胀的边缘封闭。根据肿胀程度及肿胀面积的大小，确定封闭剂量和次数。

4. 防止出现心力衰竭，保护心脏功能。可静脉注射10%～25%葡萄糖溶液、乌洛托品或碳酸氢钠液，肌内注射安钠咖或尼可刹米、樟脑磺酸钠等。

5. 解毒。可静脉注射特异血清来治疗。用抗蛇毒素（特异血清或多价血清）作肌内注射，严重病例可采用静脉注射，也可将部分血清注射到咬伤处周围。

6. 中药治疗。

（1）蛇总管500 g，加白酒100～200 g，捣烂后，取汁灌服，药渣涂擦伤口周围，并继续挤出毒汁，最后敷在伤口周围，留出伤口排毒。

（2）灌服季德胜蛇药片，同时用水溶化蛇药片，在伤口的四周涂药，以便毒汁从伤口处排出。

（3）独角莲是治疗蛇毒的特效药，可用其根加酒（或醋）捣烂涂擦到伤口四周，每天早、中、晚各涂1次，连涂3天，并结合强心、补液等疗法。

九、霉菌毒素中毒

霉菌毒素中毒是严寒季节，饲草不足，黑山羊饲喂或采食了霉败的饲草或饲料而引起的中毒。主要发生于育肥期舍饲的羊，饲喂了霉败的饲草或饲料。①发霉的草料中含有曲霉菌、赤霉菌、镰刀菌、穗状葡萄球菌、黄曲霉菌等，这些霉菌产生的毒素具有不同程度的毒力，羊吃了这种霉败的草料导致中毒。②制作使用青贮、氨化饲料时，制作过程中压得不紧，窖封得不严实（漏气），导致制作的饲料霉败变质。用此种劣质霉变料喂羊，发生霉菌毒素中毒。③贮藏保管不当，潮湿的农作物秸秆和杂草被霉菌侵染、繁殖，导致霉败，羊吃了这种草料导致中毒。

（一）临床症状

主要临床症状为胃肠炎和神经紊乱。该病一般呈慢性经过，初期病羊食欲减退，消瘦，精神委顿，低头无神，咽喉发炎，有的喉头麻痹，咽下困难或咀嚼无力。先便秘，后腹泻，粪便恶臭，常带有黏液或混有血液，有阵发性腹痛。母羊泌乳量显著减少或停乳。随着病情的发展，病羊食欲废绝，精神极度沉郁，可视黏膜苍白，站立不稳，步态蹒跚。体温、呼吸一般无变化，脉搏细弱。病羊出现神经症状，有间歇性抽搐，转圈，头顶墙壁站立，最后倒地昏厥死亡。有的病例兴奋和沉郁交替发生。症状严重者，多在十几小时死亡；轻者经过2～3天后死亡或逐渐恢复。

（二）病理变化

胃肠道黏膜有充血、出血、水肿、炎性变化。肝脏变性坏死，脾脏有出血点，肾和膀胱有炎症变化，心脏内外膜有散在的出血点，脑和脊髓充血、水肿。

（三）防治措施

1. 发现中毒后应立即停喂霉败饲料，改喂青绿多汁易消化的饲料。

2. 清理胃肠，排出消化道内毒物。可用盐类泻剂如硫酸钠（或硫酸镁）50～100 g，加水灌服。毒物排出不全时，可内服 0.1%高锰酸钾溶液 500～1000 mL，再用吸附剂及黏浆剂，以吸附毒物，保护胃肠黏膜，如药用炭 20～50 g，氢氧化铝凝胶 50～100 mL，一次性灌服。

3. 解毒保肝。可用 10%葡萄糖 500 mL，内加 40%乌洛托品 10 mL，10%氯化钙 10 mL，维生素 C 0.5～1.0 g，一次性静脉注射。

4. 对症治疗。出现神经症状可用甘露醇快速静脉注射，防止脑水肿；心脏衰竭时，可用强心剂安钠咖等；腹痛不安时用止痛剂；极度兴奋不安时用镇静剂；脱水严重者，应及时补液。

除了以上常见中毒的情况，还有毒芹中毒、狼毒中毒、食盐中毒。

毒芹中毒：羊误食后，行动不安，瘤胃膨胀，口吐白沫，下痢，肌肉痉挛，多呈癫痫样发作。可内服鞣酸 5 g 或食醋 200 mL 即可缓解。

狼毒中毒：狼毒又称断肠草。羊采食后表现为腹痛、跳跃、呕吐。无特效药治疗。可灌服适量食醋解毒。

食盐中毒：主要表现为口渴。急性中毒时羊口腔流出大量泡沫，兴奋不安，磨牙，肌肉震颤。可灌服蓖麻油 150～200 mL，静脉注射生理盐水（含 5%葡萄糖）500 mL；同时，肌内注射呋塞米注射液促进钠、氯的排出，适量补充清洁饮水，注意少量多次，加强护理。一般重症很难救治。

第九节　黑山羊常见外科疾病防治

一、创伤

一般因放牧时黑山羊性情活泼好动而引起的创伤。如放牧场地的树枝、树桩，羊舍墙壁、门，围栏上露头的铁钉、铁丝等尖锐物体引起的刺伤或撕裂伤；饲养用具如钉耙、放羊鞭使用失误引起的砍伤、切伤；羊只在争食、打架斗殴、相互抵撞、跌倒于凸出地面的尖锐物体上面引起的挫伤和压伤；被其他动物咬伤而发生的创伤。

（一）临床症状

创伤的主要症状是出血、疼痛、肿胀、创口裂开和功能障碍。

1. 新鲜创。伤后的时间较短，创内尚有血液流出或存有血凝块、创内各种组织的轮廓仍能识别，绝大多数为污染创，创面附有尘土、泥沙、被毛及其他污物。创口裂开和疼痛的程度、出血量的多少，取决于创伤的部位，组织的性状，神经血管的分布，致伤物体的性质、速度和受伤的程度。黑山羊的凝血功能较强，微血管、小血管出血常能自行止血，大血管断裂，实质脏器损伤，常能引起大出血，如不及时抢救，可能发生出血性休克，甚至死亡。

2. 化脓感染创。伤后的时间较长，创内各种组织的轮廓不易识别，出现明显的感染症状，创伤周围黏附有脓汁，从创口不断排出渗出液或脓汁。创伤过大，感染严重，排液不畅，则会发生创伤中毒或全身化脓感染，从而出现全身症状。

（二）防治措施

加强饲养管理，消除引起创伤的各种因素，减少创伤的发生。一旦发生创伤要积极合理地治疗，争取第一期愈合或缩短第二期愈合的时间。

新鲜创的治疗。治疗原则是及时止血，防止继发损伤和感染，尽快做清创术，为创伤愈合创造良好条件。

1. 止血。创内弥漫性出血，可用压迫止血、填塞止血，大的血管出血可用钳夹止血、结扎止血，必要时局部或全身止血。

2. 清创围。创伤止血后，用数层无菌纱布覆盖创面，除去创缘周围的被毛、凝血块、泥土，用蘸上消毒液的纱布擦洗干净。要严防被毛、异物、污水进入创内。用碘伏消毒创围，酒精脱碘。

3. 清洗创伤。用生理盐水、3%过氧化氢、0.1%高锰酸钾、0.1%～0.2%新洁尔灭等溶液，反复冲洗创腔，直至清洁。

4. 清创术。是用手术的方法，扩大创口，切除挫灭坏死组织，消灭创囊、凸壁，修整创缘、创壁，使复杂的创伤变为简单创伤，力求使新鲜污染创变为近似手术创，以利于创伤的愈合。清创时，应严格无菌操作，必要时可施行局部或全身麻醉。清创术应在伤后立即进行，越早、越彻底越好。手术完毕，用消毒液冲洗创腔，用消毒棉吸干消毒液。

5. 创伤用药。对不需要清创和清创比较彻底的创伤，涂布抗生素或磺胺类药物。对污染严重，又不能缝合的创伤，涂布1∶9的碘仿磺胺或1∶9

的碘仿硼酸粉。对组织损伤、污染严重，且清创无法彻底进行的创伤，用高浓度的中性盐溶液灌注或引流，如硫呋溶液［硫酸镁（钠）20 g、0.1%的呋喃西林 100 mL］、10%～20%的食盐溶液等。

6. 创伤缝合。清创比较彻底，创缘、创壁较整齐，施行全缝合；清创不彻底，有感染可能时，施行部分缝合；有厌氧菌感染、组织缺损、污染严重，不可缝合。

7. 创伤包扎。一般新鲜创，特别是四肢下部的创伤，均应包扎，冬季注意防寒，夏季注意防蚊蝇。

化脓创的治疗。清除创内坏死组织、异物和脓汁，加速炎性净化，保证脓汁、渗出液排出畅通，防止感染扩大或转为全身感染。

（1）冲洗创腔。用制菌力较强的防腐消毒液或适当提高消毒液的浓度，冲洗创腔，除去脓汁至干净为止。

（2）外科处理。扩大创口，除去异物、坏死组织，消除创囊、盲管，排出脓汁。创腔过大、过深，排液障碍时，可作辅助切口。用消毒液反复冲洗，用消毒棉球吸干。

（3）创腔用药。急性期应选择具有抗菌，增强淋巴净化，降低渗透压，促进酶类作用正常化和使组织消肿的药物灌注或引流。如 10%的食盐、硫酸钠、水杨酸钠溶液，奥立夫柯夫液（硫酸镁 80 g、5%碘酊 20 mL、碳酸钠 4 g、甘油 280 mL、洋地黄叶浸剂 100 mL、蒸馏水80 mL）等。急性炎症减轻化脓症状时，可用碘仿蓖麻油（碘仿 1 g、蓖麻油 100 mL，加碘酊呈浓茶色）、磺胺乳剂（氨苯磺胺 5 g、鱼肝油 30 mL、蒸馏水 65 mL）等灌注。

（4）化脓创经上述处理后，一般进行开放性治疗。

（5）根据需要，应用抗生素药物，控制感染或感染的扩散。

二、挫伤、血肿、淋巴外渗

由于羊体受到钝性外力作用的挤压、撞击及跌倒等，使皮肤和黏膜的完整性没有受到破坏的一类损伤称非开放性损伤。非开放性损伤无伤口，常见的有挫伤、血肿、淋巴外渗等。

（一）挫伤

挫伤是羊体在钝性外力直接作用下，引起的非开放性损伤。如棍棒打击、斗殴受到冲撞、运输途中重心失衡受到挤压、跌倒于硬地等，使软组织位于硬组织与钝性物体之间，迅速受到挤压发生损伤。软组织对外力的抵抗能力不同，损伤的程度也不同，软组织承受抵抗力的顺序是皮下疏松结缔组织—小血管—淋巴管—大血管—肌肉—筋膜—神经—皮肤。同一力量作用于软组织，抵抗力弱的可能受到损伤，而抵抗力强的完整性不受到破坏。当然，过于强烈的钝性外力作用，硬组织也会受到损伤，皮肤完整性也会受到破坏。

1. 临床症状

挫伤部被毛逆乱、脱落，皮肤擦伤、溢血、肿胀、疼痛和功能障碍。

（1）溢血。皮肤及皮下组织的小血管断裂，使血液积聚于组织内，在无色素沉着的皮肤上可见到溢血斑，指压不褪色。

（2）肿胀。损伤的组织被血液、淋巴液和炎性渗出液浸润，肿胀增温，呈坚实感，稍有弹性。

（3）疼痛。这是由于神经受伤或被渗出液压迫所致，感觉神经越丰富的部位，疼痛越剧烈，甚至发生休克。

（4）骨膜的挫伤往往发生于缺乏肌肉保护的部位，挫伤部出现扁平、坚实、疼痛的肿胀。严重的挫伤常伴有骨及关节的损伤。

2. 防治措施

治疗原则是制止溢血，消炎镇痛，促进肿胀的消散，防止感染，加速组织的修复。挫伤 2 天内可选用冷疗，使血管收缩，减少出血和渗出，2 天后改用温热疗法，如热敷、红外线、超短波照射等，也可局部涂擦刺激剂，如松节油、碘酊、5%鱼石脂软膏、樟脑、酒精。四肢下部的挫伤可用白芷、连翘、乳香、红花、没药各等份，共为细末，醋调敷患处，并包扎。治疗过程中，要注意控制感染。

（二）血肿

挫伤时，血管断裂，溢出的血液分离周围的组织，形成充满血液的腔洞，称为血肿。血肿形成速度快，一般均呈局限性肿胀，且能自行止血。较大的动脉断裂、血液沿筋膜下或肌间浸润，形成散漫性血肿。小血肿，血液凝固而缩小，最终血肿腔结缔组织化。较大的血肿在周围形成较厚的结缔组织囊壁，其中央仍贮存未凝固的血液，时间久，则变为褐色甚至无色。血肿感染后，则形成脓肿。

1. 临床症状　受伤后立即出现肿胀，并迅速增大，触诊有饱满感和弹性，波动明显，炎症反应轻微。4～5 天后由于血液凝固，肿胀周围呈坚实感，触诊有捻发音，穿刺可见血液。

2. 防治措施　血肿的治疗原则是制止出血，防止感染，排出积血。初期可在患部涂擦碘酊，冷敷疗法，装置压迫绷带，制止出血和组织分离，减小血肿。经4～5天后小的血肿穿刺抽出积血，注入普鲁卡因。大的血肿，可切开排出积血、凝血块和挫灭组织，血管仍出血，可施行结扎止血，清理创腔，涂抗生素，缝合创口或开放治疗。

（三）淋巴外渗

钝性外力在羊体上强力滑擦，淋巴管断裂，淋巴液聚积于组织内的一种非开放性损伤。黑山羊多见于皮下结缔组织，致使皮肤或筋膜与其下部组织发生分离，淋巴液聚积其内而形成。

1. 临床症状

淋巴外渗发生缓慢，一般受伤后3～4天出现肿胀，并逐渐增大，肿胀界限明显、波动，皮肤不紧张，炎性反应轻微，发展缓慢。触诊时肿胀内容物呈波浪状迅速向四周扩散，压迫停止，又恢复原位。穿刺可见淋巴液或混有少量血液。

2. 防治措施

保持患羊安静，闭塞淋巴管断端，防止感染。较小的淋巴外渗，可用注射器抽出淋巴液，然后注入95%乙醇或乙醇福尔马林液（95%乙醇100 mL、福尔马林1 mL、碘酊数滴），停留片刻后，将其抽出。在许可的部位，配合压迫绷带效果更佳，一次无效，可进行第二次治疗。较大的淋巴外渗，切开排出淋巴液，用乙醇福尔马林液冲洗，并将浸有乙醇福尔马林药液的纱布填塞于腔内，做假性缝合，当淋巴管完全闭塞后，可按创伤治疗。治疗淋巴外渗时应注意，长时间的冷疗，能使皮肤发生坏死；温热、刺激和按摩疗法都可促进淋巴液流出和破坏已形成的淋巴栓塞，故这些疗法都是禁忌的。

三、脓肿

任何组织或器官内形成外有脓肿膜包裹，内有脓汁潴留的局限性脓腔时称为脓肿。绝大多数由化脓性致病菌经皮肤、黏膜的伤口感染；强烈的刺激性化学药品漏注到静脉外或误注入皮下、肌肉也能引起。小的脓肿受健康组织的压迫吸收或机化。较大的脓肿受健康组织的围拢，脓汁向表面发展，皮肤浸润变软，自溃脓汁流出。深部组织的脓肿或向深部发展的脓肿，表面压力大，脓肿膜破坏，可形成蜂窝织炎，若被淋巴、血液转移到其他部位，会形成转移性脓肿。

（一）临床症状

1. 浅在性脓肿，发生于皮下、筋膜下、表层肌肉组织。初期局部肿胀，与周围的组织无明显的界限，而稍高出皮肤表面，触诊时局部温度增高，坚实，有剧烈的疼痛反应。后期肿胀与周围组织的界限明显，中心变软，皮肤可自行破溃流出脓汁。

2. 深在性脓肿，主要发生于肌肉、肌间结缔组织、骨膜下。由于外被较厚的组织，因而局部表现不太明显，但局部常出现皮肤、皮下组织水肿。脓膜常受到破坏，形成流柱性脓肿或蜂窝织炎，此时，多伴有全身症状。对脓肿诊断有困难时，可穿刺确诊。

（二）防治措施

加强饲养管理，防止羊体刺伤，注射药物时要严格无菌操作。治疗原则，初期促进炎性产物的吸收消散，防止脓肿形成；后期促进脓肿成熟，排出脓汁。

1. 急性炎症阶段，局部可涂擦樟脑软膏、复方醋酸铅散、鱼石脂酒精、碘酊等，也可施行冷敷疗法。较大的病灶，可用普鲁卡因对病灶周围进行封闭疗法。局部治疗的同时，应根据病羊的情况，配合应用抗生素、磺胺类药物及对症的全身疗法。

2. 消炎无效时，局部应用鱼石脂软膏、鱼石脂樟脑软膏等刺激剂，温热疗法，促进脓肿成熟。待局部出现明显的波动时，应立即施行手术治疗。

3. 脓肿切开法：在波动最明显的地方切开脓肿，切口的长度和深度要有利于脓汁的排出，不要破坏切口对侧的脓肿膜。必要时，可作辅助切口或反对孔。切开后排出脓汁，清除坏死组织，用防腐消毒液反复冲洗，用消毒棉球或纱布轻轻擦干，涂布抗生素。脓肿较深或脓汁排出不畅时，可用浸铋泼糊剂（碘仿 16 g、次硝酸铋 6 g、液状石蜡 180 mL）等的纱布条引流。

4. 脓汁抽出法：在不宜做切口部位或较深的脓肿，用注射器将脓肿腔内的脓汁抽出，用生理盐水反复冲洗脓腔，抽净腔内液体，灌注抗生素溶液。

四、败血症

山羊败血症是有机体从败血病灶吸收致病菌、毒素和组织分解产物进入血液循环，而引起的全身性病理过程。它是开放性损伤、局部炎症和化脓性感染过程以及手术后的一种最严重的并发症，病情严重危急时，若治疗失时或不当，死亡率较高。它是有机体从感染化脓病灶，如化脓创、脓肿、蜂窝织炎、重度烧伤后及手术后感染等，吸收细菌、毒素、组织分解产物进入血液循环引起，常见的细菌有溶血性链球菌、金黄色葡萄球菌、大肠埃希菌、厌气性和腐败性菌。有时呈单一感染，有时呈混合感染。有机体衰竭，维生素不足或缺乏，营养不良，某些慢性病是全身化脓感染的诱发因素。局部化脓病灶处理不及时或不当，会促进全身化脓感染的发生。

（一）临床症状

发病急剧，黑山羊常躺卧，起立困难，体温升高 2～3℃，肌肉剧烈颤抖，口腔干燥，有渴感，可视黏膜有出血点，乳黑山羊泌乳量明显下降，精神沉郁，脉搏细速，呼吸困难或急促。

（二）防治措施

对任何局部化脓感染都应及时合理进行治疗，防止感染扩散，加强饲养管理，减少或消除感染的发生。

1. 治疗原则是消除感染，解除中毒，增强机体抵抗力，恢复受害器官的功能。

2. 必须从败血病灶入手，彻底清除病灶内的坏死组织、异物，切开创囊、窦道，排出脓汁，保持引流畅通，用消毒能力强的防腐消毒液反复冲洗，消除传染和中毒来源。

3. 必须早期应用抗生素疗法、支持疗法等，以中和毒素，抑制感染的发展，增强机体抵抗力。早期大剂量应用抗生素及肾上腺皮质激素。增效磺胺治疗全身化脓感染，在临床上取得了良好的效果，常用的有增效磺胺嘧啶、增效磺胺甲氧嗪、增效磺胺-5-甲氧嘧啶等注射液，可供肌内注射或稀释后静脉注射。

4. 补给足量的平衡液，可用碳酸氢钠防治酸中毒，有条件时或价值较高的种羊最好输给相合的全血。注意保护心脏、肾脏、肝脏、肺脏功能。

五、风湿病

山羊风湿病是结缔组织反复发作的急性、慢性非化脓性炎症。其特征是胶原结缔组织发生纤维蛋白变性以及骨骼肌、心肌和关节囊中的结缔组织出现非化脓局限性炎症。风湿病发作之前，患羊常出现咽炎、喉炎、扁桃体炎等上呼吸道感染。风、寒、潮湿等因素在风湿病的发生上起着一定的作用。如畜舍潮湿、阴冷、受穿堂风的侵袭，夜卧于寒湿之地或露宿于风雪之中都很容易诱发风湿病。

（一）临床症状

全身急性风湿病，羊突然发病，体温升高1℃左右，心跳快，血流加快，全身大片肌肉疼痛，不愿走动，迈步不灵活，常1～2肢出现跛行，发病的肌肉疼痛敏感，表面凹凸不平，皮肤发硬有变厚感，病羊精神沉郁，食欲减退。当转为慢性时，病羊全身症状不明显，肌肉、肌腱的弹性降低，重者肌肉僵硬、萎缩，运步强拘。急性风湿病病程短，1～2周好转或痊愈，但易复发，有转移性。

关节风湿病，常发生于活动性较大的关节，如肩关节、肘关节和膝关节等，常呈对称的关节发病。急性期呈现风湿性关节滑膜炎，关节囊及周围组织肿胀，滑液增多，滑液中混有纤维蛋白，患病关节外形粗大、温热、疼痛、肿胀，运步时出现跛行，病羊伴有全身症状。转为慢性时，关节滑膜及周围组织增生、肥厚，关节肿大，轮廓不清，活动范围变小，运动时关节强拘，患病关节温热、疼痛，全身症状不明显。

不论哪种风湿病，病羊随运动量增加，运动功能障碍有所减轻或消失，有复发性和转移性。

（二）防治措施

羊舍要保持干燥、清洁，门、窗不要对开，保温防寒，精心饲养，上呼吸道感染时，如能在早期应用大剂量抗生素进行彻底治疗，常能防止和减少风湿病的发生。风湿病的治疗原则是消炎、镇痛、抗过敏。

1. 水杨酸钠制剂是目前治疗该病较为理想的药物，水杨酸钠类药物能抑制抗体与抗源结合或抑制这种结合所引起的酶的活性，也有稳定细胞内溶酶体的作用，以阻止释放活性介质，减少因免疫损伤而引起的临床症状，可减少渗出，使肿胀、疼痛减轻或消失。10％水杨酸钠注射液，每千克体重1～1.5 mL，1次静脉注射，1天1次，3～5天为一个疗程。配合应用10％葡萄糖酸钙注射液效果更佳。

2. 皮质激素类药物，有显著的消炎和抗变态反应的作用，氢化可的松、强的松龙注射液，每千克体重1～1.5 mL，1次静脉注射，1天1次，3～5天为一个疗程。配合应用10％葡萄糖酸钙注射液效果更好。皮质激素类药物，有显著的消炎和抗变态反应的作用，氢化可的松、强的松龙注射液5～20 mg或地塞米松注射液5～10 mg，混入生理盐水或5％葡萄糖注射液中供静脉注射；醋酸强的松或氟美松磷酸钠注射液5～30 mg供肌内注射。1天1次，3～5天为一个疗程。

3. 解热镇痛药，可选用安乃近、镇跛痛、安痛定等，10～15 mL一次肌注。

六、骨折

山羊骨的完整性和连续性受到破坏称为骨折。骨骼发生裂隙或断离，并伴发骨折部的软组织损伤。皮肤和黏膜的完整性受到破坏的骨折称为开放性骨折，皮肤和黏膜的完整性没有受到破坏的骨折称为闭锁性骨折。骨发生裂隙时称不全骨折或骨裂，骨发生断离时称全骨折。该病多为打击、跌撞、互相斗殴、压挤等外力所造成；另外，妊娠后期，慢性氟中毒等病理状态下导致骨质疏松，应力降低，只要遭受不大的外力，也能引起骨折。

（一）临床症状

发病后患部出现肿胀、疼痛、出血，高度跛行。变形，骨折断端因受外力、肌肉拉力和肢体重力等影响，造成骨折段的移位。异常活动，在正常情况下，肢体完整而不活动的部位，在骨折后负重或做被动运动时，出现异常活动。骨摩擦音，骨折两断端互相触碰，可听到骨摩擦音或有骨摩擦感。

1. 臂骨骨折：骨折部多在骨干，以螺旋形骨折较多，突然发生高度跛行，病肢不能负重，患部有明显的肿胀、疼痛和增温，站立时病肢肩关节下沉，肢体似乎变长，当臂骨骨折时，可将一手平放于肩关节附近，另一手握住尺骨头，将其轻轻左右晃动，可有骨摩擦音或明显的异常活动。

2. 股骨骨折：股骨骨折以股骨颈部骨折多见，病羊突然发生高度混合跛行，患肢完全不能负重或仅用蹄尖着地，运步时患肢不能屈曲，向前提举困难，且向外划弧，患部肿胀、疼痛明显。

3. 桡骨、胫骨骨折：全骨折时，呈现重度跛行，病肢不能负重，呈三脚跳跃，骨折部可见到钟摆样异常活动，局部肿胀，触诊时疼痛明显，有骨摩擦音。不全骨折时，出现中度或重度跛行，站立时臂部下垂，关节屈曲，肢体呈半弯曲状并以蹄尖轻轻支地，触诊沿骨折线有疼痛性肿胀。

4. 掌骨、跖骨骨折：发病率较高，易发生开放性骨折，全骨折时，突然发生重度跛行，骨折部出现疼痛性肿胀，被动运动时，异常活动，骨摩擦音明显。不全骨折时，局部肿胀，病肢常以蹄尖着地减少负重，呈现重度跛行，沿骨折线触诊和叩诊，可见明显的疼痛。

（二）防治措施

骨折是一种严重的外科疾病，重要的是消除引起骨折发生的因素，防止骨折的发生。黑山羊是群居、放牧为主的家畜，一旦发生骨折需隔离单独饲养。不全骨折，限制活动，局部包敷行血破瘀、通筋活络的中药，7～10天可以混群放牧，一般都能痊愈。对不宜作外固定部位的骨折、复杂骨折、软组织严重损伤的开放性骨折，愈后要慎重，没有经济价值应果断淘汰处理。复位、固定、功能锻炼是治疗骨折的3个要点。开放性骨折，创口经严格的外科处理后，施行暂时固定，待肿胀消退、炎性反应基本平息时进行复位、固定。

1. 复位：四肢是以骨为支架，关节为枢纽，肌肉为动力进行运动。骨后支架丧失，不能保持正常活动。骨折复位是使移位的骨重新对位。复位时间越早越好，力求做到一次性正确复位，应尽量使复位时无痛和局部肌肉松弛。复位时应根据损伤的部位、性质，按照“欲合先离，离而复合”的原则，将远、近骨折作对抗牵拉，然后根据骨折情况，分别采用挤按、推拿、托压、摇晃和旋转等不同手法，使其复位，尽量达到或接近解剖学对位。

2. 外固定：尽可能让肢体关节保持一定的活动范围，不妨碍肌肉的纵向收缩，又不使骨折断端移位，保持断面的良好接触。临床实践中常用的是竹片、木片夹板绷带固定法。

3. 内固定：适用于有经济价值的种羊，在不宜作外固定的部位，用手术的方法切开软组织，暴露骨折断端，在直视下进行复位，复位后根据需要选用接骨板、接骨针、接骨螺丝进行固定。

4. 功能锻炼：适当的活动可以加强血液循环，加速骨折的修复和患肢的功能恢复。如果活动有可能使骨折部再损伤或移位，则需在一定时期内限制活动。

5. 骨折的治疗，还有一些问题需要解决，如开放性骨折感染的控制，复位后再移位，四肢上部骨折的固定等。

七、关节扭伤

山羊关节扭伤是关节突然受到间接的机械外力作用，使关节超越了生理活动范围，瞬间过度伸展、屈曲或扭转而发生的关节损伤。常发生于膝关节、肩关节和髋关节。多见于跳跃闪伤，跌倒，奔走失足，踏入深坑、深沟，狂奔乱跑，急转猛停等，均能引起该病。在以上的致病因素作用下，关节超生理范围的侧方运动和过度屈伸，轻者引起关节韧带和关节囊的剧伸，重者能使韧带、关节囊的纤维部分断裂或全断裂，甚至引起软骨和骨骺的损伤。

（一）临床症状

羊患肢突然出现跛行，轻度扭伤，提举、伸展不充分，避免负重；中度扭伤运动功能明显障碍，负重时间短或不能负重；重度扭伤，则呈三肢跳跃的高度跛行。患关节部出现肿胀、疼痛、增温。被动运动检查时，患关节疼痛明显，触诊时患关节疼痛敏感，特别是韧带、关节囊附着部。

（二）防治措施

关节扭伤的治疗原则是制止出血和炎症发展，促进渗出物吸收，镇痛消炎，预防组织增生，恢复关节功能。

1. 在伤后1～2天，为了制止关节腔内的出血和渗出，可用冷疗和包扎压迫绷带，症状严重时，可注射凝血剂，使病羊处于安静状态。

2. 待急性期过后，为了促进吸收，可用热疗，并在患部涂擦刺激剂，如5％碘酊、10％樟脑酒精、四三一擦剂或5％碘软膏。关节周围用普鲁卡因青霉素封闭。用中药红花散泡药酒涂擦患部，涂擦的同时进行按摩。如果关节囊渗出物太多，难以吸收，可行关节囊穿刺抽出积液，注入普鲁卡因青霉素或肾上腺皮质激素。

3. 对长期不愈的关节扭伤，可用石蜡、鱼石脂酒精热绷带治疗。韧带、关节囊损伤严重或怀疑有软骨、骨损伤时，应包扎夹板绷带。

八、髋关节脱位

山羊髋关节骨端的正常位置和结合受到破坏，称为髋关节脱位。羊的关节脱位在临床上，以髋关节最为多见。种公羊发病率较高，配种、爬跨时突然转倒。狂奔时突然踏空或陷入深坑、洞穴。母羊在分娩过程中，或发情期被爬跨等外力作用于关节，都能引起髋关节脱位。受害关节在超出生理范围活动状态下，关节韧带和关节囊遭到破坏，引起关节变位。根据股骨头脱出关节窝的程度可分为全脱位和不全脱位，根据股骨头脱出的方向可分为前、后、内、上方脱位。黑山羊常见的是上方及前方脱位。

（一）临床症状

前方脱位，股骨头转位固定于关节前方，大转子向前外方突出，髋关节部变形隆起，运动时可听到捻发音，站立时患肢外旋，患肢拖地，举肢严重受限。上方脱位，股骨头被异常固定于髋关节的上外方，站立时患肢明显缩短，呈内收姿势或伸展状态，同时患肢外旋，蹄尖向前外方，运动患肢外展受限，内收容易。大转子明显向上方突出。运动时，患肢拖拉前进，并向外划弧。

（二）防治措施

加强饲养管理，特别是种公羊在配种季节严加看管，预防髋关节脱位。髋关节脱位的治疗原则是尽快复位，妥善固定。

1. 整复：患羊全身用静松灵麻醉，患肢在上的侧卧保定，助手固定羊的后躯，术者用手握住膝关节和胫骨，试行整复。前方脱位先向后下方牵拉，然后向前、向外旋，即可复位。上方脱位，稍向外展，然后向背部相反方向牵拉的同时向前、向内旋转，即可复位。复位后关节部位正常，肢体的姿势正常。

2. 固定：整复后用95%乙醇或10%氯化钠溶液10～15 mL分3～5点注射到髋关节周围，诱发炎症加以固定。令病羊侧卧4～6小时，然后慢慢扶起，置于安静的环境中。也可在站立保定下，施行关节局部麻醉，复位固定，12小时内保持患羊安静，治疗效果较好。病程长，增生的结缔组织长入髋臼窝，股骨头被覆结缔组织，复位后又反复脱位，治愈的希望就不大。

九、外伤性蹄皮炎

山羊外伤性蹄皮炎是由各种异物造成的刺伤、挫伤，引起真皮的炎症。如继发感染时，则引起化脓性蹄皮炎。蹄底角质过度磨灭、过薄、过软及某些变形蹄，都易被放牧地的尖锐异物损伤，如在收获后的玉米地、水稻田、小麦地放牧。

（一）临床症状

受损伤后可出现跛行，跛行的程度取决于损伤的类型、程度、大小和感染的程度。异物还存在时，容易找到患部。蹄底挫伤时，清洗蹄底后，可发现病变部位，压迫患部，患羊有疼痛反应。已感染形成化脓性蹄皮炎时，可见伤口有脓性渗出物流出，感染向深部蔓延，引起蹄内化脓过程时，蹄部的炎症症状明显，跛行加剧，甚至有全身症状。

（二）防治措施

1. 发生刺伤后，应进行彻底的外科处理，防止感染。已化脓时，必须切开角质，排出渗出物或脓汁，清洗、消毒，灌注碘仿醚或其他药剂。

2. 挫伤时，轻度用甲醛或硫酸铜蹄浴，使角质变硬和防止感染，如挫伤严重或已感染时，应切开按化脓创治疗。

3. 治疗后要保持羊舍干燥，防止粪、尿和脏水的污染。

第六章 羊场粪污的无害化处理和资源利用

第一节 黑山羊粪污对环境的污染与危害

黑山羊粪污对环境的污染与危害，是一个不容忽视的生态和环境保护问题，黑山羊粪污包含着大量的病原微生物，同时粪污在贮存过程中会释放出大量的有毒、有害、恶臭物质，对空气、土壤、水体等生活环境造成污染与危害，严重威胁人类和畜禽的健康。

一、对空气的污染与危害

黑山羊粪污对空气的污染常见于黑山羊场圈舍内外和粪堆周边，主要原因是黑山羊粪污在有机物分解过程中会产生甲烷、氨气等有毒、有害、有异味气体及携带病原微生物的粉尘。这些气体和粉尘大多具有强烈的刺激性和毒性，不仅会降低羊群生产性能，当浓度达到一定值时会使羔羊中毒死亡和对饲养人员身体健康造成严重的伤害。除此之外，粪污分解过程中产生的气体和腐殖质极易吸引蚊虫，导致蚊虫大量滋生，蚊虫叮咬羊群增加了各种疾病传播风险，更是防不胜防，给养羊业造成了巨大损失，严重挫伤了黑山羊养殖场（户）的积极性。同时蚊虫多也给养殖场周边的居民带来困扰，甚至还会引起黑山羊养殖场与周边居民的纠纷。

二、对土壤的污染与危害

黑山羊粪污对土壤的污染主要是粪污中含有的病原微生物、寄生虫等病菌和虫卵会污染土壤，有些病菌和寄生虫卵能在土壤中存活多年，通过接触土壤的伤口、在土壤中生长的农作物等直接或间接的方式进入人体或畜禽机体，给人体和畜禽机体带来不同程度的危害。粪便引起土壤的组成和性状发生改变，从而破坏土壤原有的功能，造成对土壤的污染。没经过发酵处理的黑山羊粪污等有机物料施到土壤后，当具备发酵条件时，发酵产生的热量会抑制农作物生长，烧毁农作物根系，严重时导致植株死亡。羊粪的 pH 值通常在 7.5～8 之间，为弱碱性，长期施到土壤后容易导致土壤盐碱化。

三、对水体的污染与危害

有的黑山羊养殖场（户）片面追求经济效益，环保意识淡薄，羊场的粪污无害化处理技术、设施设备落后，让大量的黑山羊粪尿随着水源直接流出，有的甚至直接排入河流中。羊粪中所含的高浓度氮、磷等元素可引起水体富营养化，加之粪污本身有机物的厌氧分解，使水的品质恶化，进而导致鱼类的大量死亡、腐烂、沉淀，污泥增多，给水的净化增加困难，带来恶性循环。污染后的水表面颜色发黑，散发臭味，在影响了黑山羊场自身环境的同时，也给周边环境造成了极大的污染和危害，特别是粪尿中的有害微生物、致病菌、寄生虫卵通过水肆意传播造成疾病发生，严重地影响了黑山羊场自身的可持续发展。

四、对人类健康的危害

黑山羊粪污中的病原微生物、致病菌及寄生虫的肆意传播，给人类的健康甚至生命造成严重威胁。黑山羊粪污在发酵过程中释放的臭气会使人感到恶心、呕吐、食欲不振，甚至诱发呼吸道疾病。羊的布鲁菌病、破伤风病、炭疽、传染性脓疱、血吸虫病和脑包虫病等均是人畜共患病，在一定的条件下可以感染人类，对人类造成极大的危害。

第二节　粪污无害化处理的基本原则及处理措施

一、粪污处理的基本原则

（一）减量化处理原则

大力提倡“清污分流、粪尿分离”，将粪尿分别以不同的方式和渠道堆放、收集和处理。根据粪污来源，通过饲养工艺改变及相关技术设备的完善，减少黑山羊场粪污的产生量，不仅可以节约资源，也减少了粪污的后处理投资和运行成本，提高了粪污治理效果。

（二）资源化利用原则

提高利用价值，多层次、多功能地开发其能源、肥料价值，将黑山羊粪污利用起来，同步获得多种效益。羊粪含磷 0.46%，含钾 0.23%，氮含量达 0.66%、有机质含量高达 30%左右，氮含量超出其他畜禽粪污 1 倍。因此，同样数量的羊粪施到土壤中，肥效超出其他畜禽粪污，羊粪是一种速效肥料，有机质多，肥效快，利用生物发酵等技术，加工处理后，可将羊粪变废为宝，作为土壤改良剂和农作物生长所需的有机肥料。同时减少对水、大气、土壤及农作物的损害，减少疾病的发生和传播，资源化利用可实现废弃物处理和资源开发双赢。

羊粪还可以作为蚯蚓的饵料，是大规模生产蚯蚓产品的最佳方法，不需任何投资设备，利用一切空闲地，只要把羊粪做成高 15～20 cm，宽 1～1.5 m，长度不限的蚯蚓床，放入蚯蚓种，盖上稻草，遮光保湿，就可养殖。

（三）无害化处理原则

生产出优质高效的有机肥。羊粪污中含有各种杂草种子、寄生虫卵、某些化学药物、有毒金属、激素及微生物，其中不乏病原微生物，甚至人畜共患病原，如果不进行有效处理，将对动物和人类健康产生极大的威胁，因此必须先对山羊粪污进行无害化处理，才能充分利用。

二、粪污无害化处理措施

1. 将种植业、林业、畜牧业、渔业等有机结合，实现生态养殖循环综合利用，落实生态消纳地，当地不能充分消纳黑山羊粪污的要外运到其他种植地利用。实行互为利用，化害为利，变废为宝，大力发展生态型、环保型农牧业，积极采用生态养殖模式，实现循环利用和可持续发展。

2. 黑山羊养殖场排泄物收集处理的沉淀池、沼气池要做好防渗防漏措施，防止污染周边的环境。对粪污、尿液及污水进行厌氧发酵处理，产生的沼气可满足生活及部分生产能源的需要，降低生产成本。沼气池大小视黑山羊养殖规模而定，通常每 40 只圈养羊所需沼气池容积不少于 4 m^3。

3. 实行雨污分离，减少沼气池的处理量，雨水沟分流的雨水直接外排。干粪堆放处必须防雨防渗，并定期清运。堆放处的地面要全部硬化，四周建浸出液收集沟，收集沟与沼气池连通。堆放处容积大小视黑山羊养殖规模而定，通常每 40 只圈养羊粪污堆放所需容积为 2 m^3。

三、黑山羊粪污清理方法

羊粪相对于其他畜禽粪污而言含水量低，黑山羊排泄物通常采用机械或人工方法清理固体粪污，很少采用水冲式清粪，因为干粪直接清除，养分损失小。育肥羊场及规模化养羊户的羊舍及运动场中的羊粪大多采用羊出栏后一次性清理方式，由于育肥羊大多在冬、春季节饲养，自然铺垫在羊舍地面的羊粪还能起到较好的保温作用。

（一）人工清粪

人工清粪即通过人工清理出羊舍地面的固体粪污，人工清粪只需用一些清扫工具、人工清粪车等简单设备即可完成。

羊舍内的固体粪污通过人工清理后，用推车送到储粪设施中暂时存放。该清粪方式的优点是充分利用劳动力资源，减少清粪过程中的用水、用电，设备简单，一次性投资少，还可以做到粪尿分离，便于后面的粪尿处理。缺点是劳动量大，生产效率低。因此这种方式通常只适用于中小型规模养羊场（户）。

（二）机械清粪

机械清粪就是利用机械设备替代人工将黑山羊固体粪污直接清理至羊舍外，将粪污直接输到运粪车上或其他粪污储存设施，机械设备可以做到24小时不间断运行，能时刻保持羊群生活在一个清洁卫生的环境中。

机械刮板清粪是机械清粪的一种，已在部分黑山羊养殖场使用。机械刮板清粪主要是通过电力驱动由钢丝绳带动刮板形成一个闭合环路，机械刮板清粪装置安装在漏缝地板下的粪槽中，清粪时，在粪槽内来回运转进行自动清粪，运行速度适中且基本没有噪声，将粪槽内的粪污刮到羊舍外污道端的集粪池中，然后再运至粪污储存设施中。

机械刮板清粪的优点：能做到24小时清粪，刮粪效果好，时刻保持羊舍内环境卫生，机械操作简便，安全可靠，运行成本低，运行过程中基本没有噪声，对羊群的行走、饲喂、休息不会造成负面影响。可以减轻饲养人员的劳动强度，节约劳动力，提高生产效率。

机械刮板清粪的缺点：前期投资较大，钢丝绳、刮粪板和黑山羊粪尿接触后容易被腐蚀而断裂，维护成本较高。

四、羊粪有机肥的制作

羊粪是一种速效、微碱性肥料，有机质多，肥效持久，适于各种土壤和各种农作物施用。目前养羊场粪污处理利用主要方式是将黑山羊粪污制成农作物肥料，即羊粪经传统的填土、垫圈、堆积发酵的方式处理后还田。羊粪还可与经过粉碎的秸秆、生物菌搅拌后，利用生物发酵技术，对羊粪进行发酵，制成优质有机肥。随着对无公害农产品的需求不断增加，对优质有机肥料的需求也不断扩大，用黑山羊粪污制作而成的有机肥料具有很大的市场潜力。

五、病死羊处理方法

对病死羊应采取深埋、化制、焚烧等方法进行无害化处理，深埋和焚烧要有专用场地，化制要有专用设施。病死羊尸体无害化处理是抓好动物疫病防控、保障养羊业健康发展、山羊产品质量安全和公共卫生安全的关键措施。病死黑山羊本身携带有大量病原体，如没有得到规范和及时处置，极易造成疫病的传播和扩散蔓延，对养羊业生产造成极大的威胁和重大损失。

在对其进行无害化处理时，要严格按照《病害动物和病害动物产品生物安全处理规程》（GB14568—2006)、《病死动物无害化处理技术规范》、《病死及死因不明动物处置办法（试行)》的相关规程、规范进行操作处理，病死黑山羊的无害化处理技术要求高，应根据当地的条件采用不同的处理方法，以达到消灭病原体，保护环境和人类公共卫生安全的目的。

（一）深埋法

深埋处理病死黑山羊是一种普遍使用、可靠、简易的方法。

选择在远离居民区、交通要道、水源地、饲养场及放牧区域等设施和场所进行深埋处理，位于主导风向的下方，不影响农业生产，避开公共视野。深埋前应对黑山羊尸体先用10%漂白粉上清液喷洒作用2小时，进行消毒处理。坑的深度在2 m以上，体积大小根据尸体的数量多少而定，下层底部要铺厚2 cm的生石灰，病死黑山羊尸体连同包装物全部投入后，要求埋土不少于1.5 m，否则有可能被犬等食肉动物挖出后又抛尸野外。

（二）化制法

化制处理病死黑山羊是一种比较合适的方法。

化制池要求用砖石水泥砌成窖式坑，深度要根据地势而定，一般深度为2～3 m，建筑形状类似于壶形，底部大，口部小，口部加盖密封性好的窖盖，窖盖平时落锁，窖内有通气管。窖底撒上厚10～20 cm的生石灰，病死黑山羊尸体经消毒后扔入窖内。此法优点在于随时可以将病死黑山羊尸体扔到窖内，较为方便，且可利用年限较长。缺点在于如果扔入窖内的黑山羊尸体处理不完善或者密封不好，容易引起疫病的传播。

（三）焚烧法

焚烧法费钱费力，但是无害化处理效果更佳。

将黑山羊尸体等浇上柴油（不能使用汽油）或其他易燃物，点燃进行焚烧，在必要时要及时添加燃料。此种方式比较方便，投资相对少，但存在燃烧不充分，一些病原微生物不能被完全杀死以及焚烧产生的烟气造成空气污染的缺点。焚烧结束后，掩埋燃烧后的灰烬，表面做消毒处理，填土高于地面，场地周围消毒。

参考文献

[1] 陈凯凡，赵志亚. 山羊科学养殖技术［M］. 上海：上海科学普及出版社，2000.
[2] 方光绪. 肉用山羊规模化养殖技术［M］. 长沙：湖南科学技术出版社，2012.
[3] 张坚中. 怎样养山羊［M］. 北京：金盾出版社，2013.
[4] 任和平. 现代羊场兽医手册［M］. 北京：中国农业出版社，2013.
[5] 张英杰. 养羊手册［M］. 北京：中国农业大学出版社，2014.
[6] 付利芝，徐登峰. 羊病诊治你问我答［M］. 北京：机械工业出版社，2016.
[7] 罗冬生，唐炳. 山羊规模化健康养殖彩色图册［M］. 长沙：湖南科学技术出版社，2016.